The Blue Book on the Development of World
Information Security(2013–2014)

2013-2014年世界信息安全发展

蓝皮书

中国电子信息产业发展研究院　编　著

主　编／张春生
副主编／刘　权

人民出版社

责任编辑：邵永忠　刘志江

图书在版编目（CIP）数据

2013～2014 年世界信息安全发展蓝皮书 / 中国电子信息产业发展研究院编著；
张春生 主编 . —— 北京 : 人民出版社 , 2014.6
ISBN 978-7-01-013556-4

Ⅰ . ① 2··· Ⅱ . ①中··· ②张··· Ⅲ . ①信息安全—研究报告—
世界— 2013 ～ 2014 Ⅳ . ① TP309
中国版本图书馆 CIP 数据核字（2014）第 103761 号

2013-2014年世界信息安全发展蓝皮书
2013-2014NIAN SHIJIE XINXI ANQUAN FAZHAN LANPISHU

中国电子信息产业发展研究院　编著
张春生　主编

人　民　出　版　社 出版发行
（100706　北京市东城区隆福寺街 99 号）

北京艺辉印刷有限公司印刷　新华书店经销

2014 年 6 月第 1 版　2014 年 6 月第 1 次印刷
开本 : 787 毫米 × 1092 毫米　16 开　印张 : 17.75
字数 : 300 千字

ISBN 978-7-01-013556-4　定价 : 68.00 元

邮购地址　100706　北京市东城区隆福寺街 99 号
人民东方图书销售中心　电话（010）65250042　65289539

代　序

以改革创新精神奋力开创新型工业化发展新局面
——中国工业和信息化发展系列蓝皮书

近年来，在党中央、国务院的正确领导下，经过全行业的共同努力，我国工业和信息化保持持续健康发展。工业经济总体规模持续扩大，综合实力明显增强，产业结构调整取得新进展，企业创新能力不断提升，信息化和工业化融合深入推进。工业和信息化发展有力地带动了国内其他产业的创新发展，在促进国民经济增长、调整优化经济结构、扩大城乡就业以及改善人民生活质量等方面发挥了巨大作用，推动了我国工业化、信息化、城镇化、农业现代化进程。

当前，我国工业和信息化发展已经进入到新阶段，国内外环境正在发生广泛而深刻的变化，既有难得的机遇和有利条件，也面临着诸多可以预见和难以预见的困难、风险和挑战。去年底的中央经济工作会议和今年的全国"两会"，对今年经济工作作出了全面部署，强调要坚持稳中求进工作总基调，把改革创新贯穿于经济社会发展各个领域各个环节，切实提高经济发展质量和效益，促进经济持续健康发展、社会和谐稳定。工业和信息化系统要认真学习、深刻领会和全面贯彻落实党中央、国务院决策部署，紧紧围绕"稳中求进、改革创新"的核心要求，着力激发市场主体活力，着力强化创新驱动，着力推进两化深度融合，不断在转型升级、提质增效上迈出新步伐，努力保持工业和信息化持续健康发展，奋力开创新型工业化事业发展新局面。

一是要以深化改革激发市场活力。 按照中央部署要求，以使市场在资源配置中起决定性作用和更好发挥政府作用为核心，处理好政府与市场的关系，积极推进重点领域和关键环节改革取得实质性进展，释放改革红利，激发市场主体活力。

1

当前的重点，是要加快深化行政审批制度改革，转变政府职能，创新管理方式，鼓励引导民间资本进一步进入电信、军工等领域，推动清理和废除对非公有制经济各种形式的不合理规定。同时，认真履行行业管理职责，积极主动作为，及时反映行业、企业情况和诉求，协调推进国有企业、财税、金融、资源性产品价格等领域改革，强化产业对外合作，推动制造业扩大对外开放。要注重加强组织领导，加强调查研究，加强督促检查，严格落实责任，细化完善方案和措施，确保工业和信息化领域改革开好局、起好步。

二是要以扩大内需增强发展内生动力。坚持把优化供给和培育需求结合起来，扩大消费需求，改善供给质量，优化投资结构，使工业发展建立在内需持续扩大的基础上。要着力提高工业产品供给水平，加强质量品牌建设，优化工业产品供给，满足居民对大宗耐用消费品及新兴消费领域产品的需求。要大力培育发展信息消费，支持4G加快发展，全面推进三网融合，鼓励移动互联网新技术新业务发展，加快移动智能终端、智能电视、北斗导航终端、智能语音软件研发应用和电子商务发展，抓好信息消费试点市和智慧城市试点。高度重视解决小微企业发展面临的困难和问题，狠抓政策完善和落实，切实减轻企业负担，进一步激发民间投资活力。同时，充分利用"两个市场、两种资源"，落实好各项政策，巩固和扩大国际市场份额，积极开拓海外市场

三是要以调整优化结构提升发展质量和效益。坚持进退并举、有保有压，加快调整产业结构，提升产业素质和竞争优势。改造提升传统产业方面，要加强企业技术改造，提高并严格执行能耗、环保和安全等行业准入标准，着力化解产能严重过剩矛盾，加快淘汰落后产能，推进企业兼并重组，强化工业节能减排，加快航空、卫星及应用、轨道交通、海洋工程、智能制造等领域重大技术装备研制和技术开发。发展壮大战略性新兴产业方面，要推动健全完善体制机制，着力突破关键核心技术，强化市场培育，在新一代移动通信、集成电路、物联网、大数据、先进制造、新材料等方面赶超先进，引领未来产业发展。同时，要大力促进制造业与服务业融合发展，开展制造业服务化试点示范，加快发展工业设计、现代物流、信息技术服务等面向工业的生产性服务业。

四是要以创新驱动提升产业核心竞争力。坚持把创新驱动作为新型工业化发展的原动力，紧紧抓住增强自主创新这个关键环节，协调推进科技体制改革，促

进科技与经济紧密结合，推动我国工业向全球价值链高端跃升。当前，要加快健全技术创新市场导向机制，强化企业创新主体地位，落实促进企业创新的财税政策，推动扩大研发费用加计扣除范围，研究实施设备加速折旧政策，改进财政补助方式，鼓励企业设立研发机构，推动建设企业主导的产业创新联盟。要依托国家科技重大专项、重大创新发展工程和应用示范工程，结合实施工业强基工程，加大技术攻关力度，力争在信息技术、智能制造、节能环保、节能与新能源汽车等领域，突破一批重大关键核心技术和共性技术，推进科技成果转化和产业化，加快新技术新产品新工艺研发应用，抢占产业发展制高点。

五是要以两化深度融合提升发展层次和水平。适应新科技革命和产业变革趋势和要求，积极营造良好环境，汇聚政策资源，激发企业行业内在动力，促进信息网络技术广泛深入应用。要尽快建立和推广企业两化融合管理体系标准，发布两化融合管理体系基本要求和实施指南，选择部分企业开展贯标试点。要促进信息技术与制造业融合创新，推进智能制造生产模式的集成应用，开发工业机器人等智能基础制造装备和成套装备，推进智能装备、工业软件在石化、机械加工等行业示范应用。要加强重点领域智能监测监管体系建设，提高重点高危行业安全生产水平、重点行业能源利用智能化水平。同时，要加快信息网络基础设施建设，全面落实"宽带中国"战略，大力发展信息技术产业，切实维护网络与信息安全，为两化融合提供有力支撑和保障。

推进工业和信息化转型升级、提质增效、科学发展，既是当前紧迫性的中心工作，也是长期性艰巨任务。工业和信息化系统要更加紧密地团结在以习近平同志为总书记的党中央周围，坚持走新型工业化道路，以改革创新精神，求真务实，开拓进取，狠抓落实，不断以良好成效在建设工业强国征程中迈出坚定步伐，为全面建成小康社会、实现中华民族伟大复兴中国梦做出新的更大贡献。

工业和信息化部部长　苗圩

2014 年 5 月 4 日

3

前　言

随着信息技术的快速发展和信息化应用的不断深入，网络空间已经成为人们日常生活不可或缺的组成部分和经济社会正常运行的重要支撑。据统计，截止2013年底，我国网民数量达到6.18亿，手机网民数量达到5亿。2013年全年网络购物用户达到3亿，全国信息消费整体规模达到2.2万亿元人民币，电子商务交易规模突破10万亿元人民币，我国社会经济对网络空间的依赖程度逐步加强。然而，在繁荣的网络经济和信息化应用带来的便利背后，却隐藏着严重的信息安全隐患。

当前，我国面临严峻的信息安全挑战。我国信息技术受制于人，关键设备依赖进口，基础信息网络自身存在信息安全隐患，遭受外部网络攻击的风险显著加大，公民个人隐私难以得到有效保障。"棱镜门"事件表明，一些国家通过网络、利用技术优势，大规模窃取包括我国在内的重要政治、经济情报和个人敏感数据，严重影响了国际互联网秩序，严重威胁网络空间安全。

知己知彼方能百战不殆，明晰信息安全发展现状，理清信息安全风险，把握信息安全核心问题，总结经验教训，确定信息安全发展方向，已经成为我国信息安全发展的当务之急。基于对当前国内外信息安全严峻形势的考量，赛迪智库信息安全研究所展开了全方位、多角度的研究，最终形成了本书，其中涵盖了综合篇、政策篇、产业篇、区域篇、企业篇、专题篇、热点篇和展望篇8个部分。

本书全面、系统、客观地梳理了近年来信息安全政策环境、基础工作、技术产业、国际合作等方面取得的成果，从政策、产业、行业等角度进行深入研究，通过详实的数据和生动的案例介绍了2013年信息安全发展现状和问题，分析了国内外信息安全形势和发展趋势。本书内容全面、数据详实、观点独到，为业内人士研究信息安全提供借鉴，具有较高参考价值。

工业和信息化部信息安全协调司司长

2014 年 4 月

目 录

代　序（苗圩）

前　言（赵泽良）

综 合 篇

第一章　2013年世界信息安全发展现状 / 2

一、信息安全政策环境得到明显改善 / 2

二、信息安全管理体制进一步完善 / 3

三、法律法规体系加速调整 / 3

四、关键基础设施保护持续受到重视 / 4

五、信息安全技术创新能力建设备受瞩目 / 4

六、国际信息安全合作得到全面加强 / 5

第二章　2013年世界信息安全发展主要特点 / 7

一、网络空间战争阴云密布 / 7

二、自由的互联网并不自由 / 8

三、大国竞争走进网络空间 / 9

第三章　2013年世界信息安全存在的主要问题 / 10

一、世界各国信息安全能力发展不均衡 / 10

二、西方国家推行网络霸权破坏网络空间生态环境 / 11

三、少数国家网络行为影响他国主权完整 / 11

四、网络军事联盟和网络战威胁世界和平 / 12

五、国际信息安全缺乏统一协调机制 / 12

政 策 篇

第四章　欧盟《网络安全战略》/ 16

一、出台背景 / 16

　　二、主要内容 / 17

　　三、简要评析 / 18

第五章　日本《网络安全战略》/ 20

　　一、出台背景 / 20

　　二、主要内容 / 20

　　三、简要评析 / 22

第六章　印度《国家网络安全政策》/ 24

　　一、出台背景 / 24

　　二、主要内容 / 25

　　三、简要评析 / 27

第七章　新加坡《国家网络安全总体计划》/ 29

　　一、出台背景 / 29

　　二、主要内容 / 30

　　三、简要评析 / 30

第八章　美国《减少盗取美国商业秘密的政府战略》/ 32

　　一、出台背景 / 32

　　二、主要内容 / 33

　　三、简要评析 / 34

第九章　美国《提高关键基础设施网络安全的行政命令》和《关键基础设施
　　　　安全性和恢复力的总统令》/ 35

　　一、出台背景 / 35

　　二、主要内容 / 36

　　三、简要评析 / 39

第十章　美国《内部威胁政策》/ 41

　　一、出台背景 / 41

　　二、主要内容 / 41

　　三、简要评析 / 42

第十一章　北约《塔林手册》/ 44

　　一、出台背景 / 44

　　二、主要内容 / 45

　　三、简要评析 / 47

产 业 篇

第十二章　2013年世界信息安全产业发展概述 / 50

　　一、产业现状 / 50

　　二、市场格局 / 52

　　三、发展热点 / 54

第十三章　2013年世界信息安全产业发展特征 / 56

　　一、政企合作深化，政府主导行业发展 / 56

　　二、企业并购不减，行业融合已成大势 / 56

　　三、功能整合明显，体系建设成为趋势 / 58

第十四章　2014世界信息安全产业发展趋势 / 59

　　一、产业规模将保持稳定增长 / 59

　　二、区域差异将进一步缩小 / 60

　　三、产业融合发展趋势明显 / 60

　　四、产业将进入活跃发展期 / 61

　　五、政府投入将成拉动产业发展的主要动力 / 61

区 域 篇

第十五章　中国 / 64

　　一、组织架构 / 64

　　二、法律法规 / 66

　　三、标准规范 / 69

　　四、技术创新 / 71

　　五、人才培养 / 72

　　六、经费支持 / 73

第十六章　美国 / 75

　　一、组织架构 / 75

　　二、法律法规 / 80

　　三、标准规范 / 83

　　四、技术创新 / 86

　　五、人才培养 / 88

　　六、经费支持 / 89

第十七章 欧盟 / 92

　　一、组织架构 / 92

　　二、法律法规 / 95

　　三、标准规范 / 98

　　四、技术创新 / 100

　　五、人才培养 / 101

　　六、经费支持 / 102

第十八章 日本 / 104

　　一、组织架构 / 104

　　二、法律法规 / 106

　　三、标准规范 / 108

　　四、技术创新 / 110

　　五、人才培养 / 111

　　六、经费支持 / 113

第十九章 俄罗斯 / 115

　　一、组织架构 / 115

　　二、法律法规 / 117

　　三、标准规范 / 119

　　四、技术创新 / 120

　　五、人才培养 / 121

第二十章 印度 / 123

　　一、组织架构 / 123

　　二、法律政策 / 125

　　三、技术创新 / 126

　　四、人才培养 / 127

企 业 篇

第二十一章 赛门铁克公司 / 130

　　一、基本情况 / 130

　　二、发展策略 / 130

　　三、竞争优势 / 131

第二十二章 瞻博网络 / 134

    一、基本情况 / 134

    二、发展策略 / 134

    三、竞争优势 / 136

第二十三章 迈克菲公司 / 138

    一、基本情况 / 138

    二、发展策略 / 138

    三、竞争优势 / 140

第二十四章 趋势科技有限公司 / 142

    一、基本情况 / 142

    二、发展策略 / 143

    三、竞争优势 / 144

第二十五章 科摩多公司 / 145

    一、基本情况 / 145

    二、发展策略 / 145

    三、竞争优势 / 146

第二十六章 Websense Inc. / 148

    一、基本情况 / 148

    二、发展策略 / 148

    三、竞争优势 / 149

第二十七章 Fortinet Inc. / 151

    一、基本情况 / 151

    二、发展策略 / 151

    三、竞争优势 / 152

第二十八章 奇虎360科技有限公司 / 154

    一、基本情况 / 154

    二、发展策略 / 154

    三、竞争优势 / 156

第二十九章 北京网秦天下科技有限公司 / 158

    一、基本情况 / 158

    二、发展策略 / 158

    三、竞争优势 / 159

专 题 篇

第三十章 云计算信息安全 / 164
一、概述 / 164
二、发展现状 / 166
三、面临的主要问题 / 169

第三十一章 大数据信息安全 / 171
一、概述 / 171
二、发展现状 / 174
三、面临的主要问题 / 175

第三十二章 移动互联网信息安全 / 177
一、概述 / 177
二、发展现状 / 180
三、面临的主要问题 / 181

第三十三章 工业控制领域信息安全 / 184
一、概述 / 184
二、发展现状 / 187
三、面临的主要问题 / 188

第三十四章 金融领域信息安全 / 190
一、概述 / 190
二、发展现状 / 192
三、面临的主要问题 / 193

热 点 篇

第三十五章 网络攻击 / 196
一、热点事件 / 196
二、热点评析 / 199

第三十六章 信息泄露 / 200
一、热点事件 / 200
二、热点评析 / 202

第三十七章　新技术应用安全 / 204

一、热点事件 / 204

二、热点评析 / 206

第三十八章　信息内容安全 / 207

一、热点事件 / 207

二、热点评析 / 209

展　望　篇

第三十九章　世界信息安全面临形势 / 212

一、国际局势日趋紧张，网络空间成为重要战场 / 212

二、世界经济持续低迷，贸易保护"安全壁垒"成风 / 212

三、犯罪和恐怖行为向网络迁移，网络攻击破坏性加大 / 213

四、各国信息化加速布局，信息安全保障需求大幅提升 / 214

五、新兴信息技术广泛应用，信息安全面临极大挑战 / 215

第四十章　2014年世界信息安全发展趋势 / 216

一、全球爆发大规模网络冲突的风险将进一步增加 / 216

二、国际社会针对网络空间的监控行为将不断加强 / 216

三、各种形式网络犯罪的影响将进一步加大 / 217

四、引发社会动荡的网络行为将不断增加 / 217

五、新技术新应用带来的信息安全问题将更加突出 / 218

附录I　参考文献 / 220

附录II　重要文件 / 225

附录III　2013年世界信息安全大事记 / 244

后　记 / 267

综 合 篇

第一章　2013年世界信息安全发展现状

一、信息安全政策环境得到明显改善

近年来，世界上多数国家都将网络空间视为发展重点，网络空间已经成为继领土、领海、领空和太空之外的第五空间，成为国家主权延伸的新疆域。截至2013年10月，世界上已经有56个国家发布了网络空间战略，各国明确了网络空间的战略地位，并提出采取外交、军事、经济等在内的多种手段保障网络空间安全。美国于2011年发布了《网络空间国际战略》、《网络空间行动战略》、《美国网络空间可信身份国家战略》等文件，集中阐述美国对未来互联网的看法，以及今后着力推进的政策重点和行动举措。英国、德国、法国、荷兰、加拿大、日本、澳大利亚、印度等国也先后发布了各自国家的网络空间战略，明确了各国在网络安全领域的愿景、战略目标和重点工作。2013年2月，欧盟发布了网络安全领域的首个综合性政策文件——《网络安全战略》，提出欧盟应对网络安全挑战的战略任务和行动方案。2013年7月，俄罗斯签署了《2020年前国际信息安全国家基本政策》，这成为俄罗斯未来一段时间内应对信息安全威胁的纲领性文件。此外，西方国家还通过调整组织机构、组建网络部队、研发网络武器等，加快网络空间的战略部署，加快网络空间防御能力建设，加强关键基础设施信息安全保护工作，并逐步提高对信息安全技术产业的重视程度，从根本上改善国家应对信息安全事件的能力。

二、信息安全管理体制进一步完善

为有效应对网络空间安全威胁、提高国家网络空间防御能力，西方主要国家纷纷设立统筹协调和管理机构，建立网络空间安全协调机制，从而提升信息安全管理功能，完善信息安全管理体制。美国于 2009 年设立总统网络安全协调官，领导白宫网络安全办公室，协调处理全美所有涉及网络安全的相关事务。英国于 2009 年设立网络安全办公室，负责协调政府部门关系，在网络安全事务方面具有核心领导力，该办公室在 2010 年已成为国家安全管理最高领导机构国家安全委员会的隶属机构。法国于 2009 年设立国家信息系统安全局，隶属于国防部总秘书处，具有"国家一级的权限"，是安全和信息系统方面的国家权威机构。德国于 2011 年设立国家网络安全委员会，统筹协调政府之间、政府与企业之间在网络安全方面的合作。日本自 2009 年以来不断强化内阁官房国家信息安全中心的核心作用，增强其收集网络安全信息、协调处理政府部门关系、加强与企业合作等方面的综合协调功能。2013 年 3 月，德国联邦情报局专门成立了一个部门，用以应对联邦机构和经济界遭受的黑客攻击。2013 年 4 月，墨西哥联邦正式成立网警部队，以加强对科技化、网络化犯罪的监管。

三、法律法规体系加速调整

主要国家和地区纷纷评估现有立法不足，加快立法调整。国外立法主要涉及四个方面：一是关键基础设施保护，如 2013 年 2 月美国发布《关于提高关键基础设施网络安全的行政命令》和《关于关键基础设施安全与容灾的总统令》。二是政府信息安全，如 2013 年 4 月美国众议院通过《联邦信息安全管理法修订法案 2013》，提出整合、调整国土安全部等部门及相关机构在信息安全方面的职责。三是个人信息和隐私保护，如 2012 年欧盟提出《个人数据处理和自由流动的保护建议》，新加坡国会通过《个人信息保护法案》。四是打击网络犯罪，如日本、澳大利亚、巴西等纷纷修订网络犯罪相关立法，其中巴西预防和打击网络犯罪的新法规于 2013 年 4 月正式生效。

四、关键基础设施保护持续受到重视

美国、英国等多个国家将关键基础设施视为国家战略资产，通过加强立法、出台战略政策、建立指导协调机构、加快推进信息共享、加强技术能力建设、研究制定标准等措施，保护关键基础设施。以美国为例，在立法方面先后出台了《1996年国家信息基础设施保护法》、《2002关键基础设施信息法》等法律，以及《信息时代的关键基础设施保护》、《提高关键基础设施网络安全》等多个行政命令和总统令，2013年以来美国又先后发布了《关于提高关键基础设施网络安全的行政命令》和《关于关键基础设施安全与容灾的总统令》；在保护战略和政策上，美国2006年发布了《国家关键基础设施保护计划》并于2009年更新；在指导协调机构建设上，2002年成立国土安全部，承担鉴别和认定关键基础设施、分析关键基础设施威胁和脆弱性、协调关键基础设施遭受破坏后的跨部门紧急行动等统筹协调职责；在推进信息共享上，通过立法明确了信息共享程序、共享信息保护等内容，关键基础设施部门大都组建了信息共享和分析中心，国土安全部积极推进信息共享机制建设；在技术能力建设上，建立了国家基础设施保护中心等机构，建设了关键基础设施建模仿真和分析系统，预警信息网络等技术设施；在标准研制上，加快研究制定关键基础设施网络安全标准、指南和最佳实践等。其他国家也做了很多相关工作，西班牙于2013年6月成立工业网络安全中心（ICC），以解决该国关键信息和通信技术中存在的网络安全漏洞；同月，日本高层提议设立网络安全中心，以保护基础设施。

五、信息安全技术创新能力建设备受瞩目

近年来，西方国家加强对新兴信息技术的支持，并将其用于信息安全领域，同时积极研发新的信息安全技术，提升自身信息安全能力。一方面，西方国家持续采取多种政策措施对云计算和大数据等新兴信息技术给予支持，并积极推动其在信息安全领域的应用。以美国为例，在云计算方面，美国政府将云计算技术定位为维持国家核心竞争力的重要技术，美国政府深度介入云计算产业的发展，通过强制政府采购和指定技术架构来推进云计算技术进步和产业发展。在大数据方

面，美国于 2012 年 3 月发布了"大数据研发计划"，同时组建"大数据高级指导小组"，将其提高到国家战略的层面，形成了全体动员格局。在此基础上，美国还将这些新兴技术用于网络监控等工作中，同年 12 月，美国中央情报局首席技术官格斯·汉特透露了云计算和大数据技术对追踪恐怖分子和监控社会情绪所起的作用。另一方面，西方国家在信息安全技术领域积极投入。2013 年 3 月，美国国防先期计划研究局启动无线网络防御项目；4 月，德国联邦教研部与联邦内政部投资 800 亿欧元支持物联网安全研发；9 月，美国参联会副主席、美国海军司令詹姆斯·温尼菲尔德表示，参谋长联席会议正致力于实现"联合信息环境"的概念，其中包括网络运营中心、核心数据中心和基于云应用程序及服务的全球身份管理系统，从而实现在单一的安全体系结构下，为作战人员和任务合作伙伴提供共享的信息技术基础设施和一套共同的企业服务。这些工作都为西方国家提高在网络空间的影响力打下基础。

六、国际信息安全合作得到全面加强

随着信息安全重要性的日益提升，世界各国也不断加强在信息安全领域的合作和交流，一方面争取大多数国家认可和支持，打造网络空间战略联盟，增强自身在网络空间的影响力和话语权；另一方面消除网络空间中不必要的误会和分歧，减少网络空间冲突。

以美国为首的西方国家，基于现实世界中的北约等军事联盟，不断加强网络空间合作，企图打造网络空间的军事联盟。澳大利亚是美国传统的盟国，早在 2011 年双方便将网络战正式列入美澳双边安全条约。2013 年 6 月，北约各国国防部长举行了关于网络空间问题的首次会晤，同意组建快速反应网络空间防御小组，以保护北约及各成员国网络免遭攻击。从近期"棱镜门事件"暴露出的信息看，美国、英国、加拿大、澳大利亚和新西兰在二战和冷战期间形成的"五只眼"情报联盟，目前已经变成遍布全球的情报网络联盟，该联盟由美国国家安全局、英国政府通信总部、加拿大政府通信安全局、澳大利亚国防通讯局和新西兰政府通信安全局组成，主要负责拦截、分析全球通信信号和内容。

2013 年以来，世界各国间的信息安全交流日益加强。5 月，美日发表联合声明称将通过对话加强在网络空间的合作；6 月，美俄达成通过军事热线共享网络安全相关信息的协议；7月，美韩就网络安全和网络政策展开对话；同月，中美在战略安全对话框架下举行了第一次网络工作组会议，双方就网络工作组机制建设、两国网络关系、网络空间国际规则、双边对话合作措施以及其他共同关心的问题进行了坦诚、深入的交流；9月，第五届中英互联网圆桌会议在英国伦敦举行。

第二章　2013年世界信息安全发展主要特点

一、网络空间战争阴云密布

随着网络空间的战略性地位日益突出，各国纷纷将来自网络空间的威胁列为国家安全的主要威胁之一，并加快建设网络攻击和威慑的能力。美国率先将网络威慑观念引入网络空间，"震网"、"棱镜"等事件表明其已经具备了对他国实施网络攻击的能力，美国还通过立法授权军队在遭受网络攻击时使用武力进行反击。目前，全球网络空间弥漫着一种网络威慑、进攻性攻击的氛围，各国不断增加网络部队建设、网络武器研发上的投入，全球网络空间军备竞赛日趋激烈，国家级网络冲突风险持续增加，并可能成为现实局部战争的导火索。与此同时，"匿名者"等黑客组织基于政治目的发动了一系列针对政府、企业和非营利组织的攻击活动，通过攻击表达激进的政治主张，全球黑客行动主义渐成趋势。

随着网络空间的重要性越来越高，西方各国不断加强在网络空间的侦攻防能力建设。一是加强网络安全相关技术研发。例如，美军已研发出2000多种计算机病毒武器，正着手研发"网络飞行器"、"数字大炮"等新型网络攻击武器；同时，美国国防先期计划研究局启动无线网络防御项目研发。二是建立网络安全技术基础设施。例如，"911事件"后美国开发了以"爱因斯坦"计划为核心的网络防御系统，建设"国家网络靶场"、"网络空间安全数据中心"等网络战基础设施。三是组建并扩充网络攻防部队规模。例如，美国网络部队总人数已经达到7万人以上，未来将新增40支网络小队，包含13支进攻性部队；俄罗斯网络战部队规模达7000人；以色列国防军网络部队"C4I"编制约3000人。四是开展网络防御演习。美国从 2006 年开始开展了多次网络风暴演习，2013 年 4 月美国国家安全局举办了网络防御演习，2013 年 5 月陆军展开了网络一体化测试；欧盟各国也开展了多次网络演习，2012 年 10 月举行了关于如何应对针对公共设施和金融系统网络攻击的演习，2013 年 11 月英国举行了代号为"醒鲨 2"的大规模网络攻防演习。

二、自由的互联网并不自由

世界上没有绝对的自由，互联网的自由特性已经成为"皇帝的新装"。世界上针对互联网管理问题分为两大阵营：一是以美国、英国、加拿大等为代表的西方国家，倡导建立以其为主导的网络空间国际规则，主张全球互联网的自由连接和信息的自由流通；二是以俄罗斯、中国为代表的国家，坚持在联合国框架下建立网络空间国际规则，主张各国在网络空间中应遵守联合国宪章和其他公认的国际关系基本准则，包括尊重各国主权、领土完整和政治独立等。前者一直被认为是正义的一方，反对各种形式的互联网审查，然而从近期"棱镜门事件"揭露的一系列信息来看，美国、英国等部分西方国家采取多种手段，暗中监控整个互联网，互联网已经成为维护其世界霸权的工具。

除了私下里采取的一些措施外，为减少各类有害网络信息等对社会稳定的影响，世界上很多国家制定了大量制度措施来治理互联网内容，主要包括四个方面：一是通过立法保护网络知识产权，限制非法网络信息广泛传播。绝大多数国家都将原有法律的相关内容和条款，从现实社会引向虚拟网络社会，以强化对虚拟社会信息内容传播的管理、保护传播使用和所有者的权利，如美国国会推出《网络反盗版法》和《知识产权保护法》，俄罗斯杜马通过的反盗版法。二是设立针对网络信息内容管理的部门，加强政府管理。如韩国先后成立了互联网信息通信道德委员会、信息通信部、互联网安全委员会和网络性侵害咨询中心等管理机构。三是依托互联网行业协会，倡导通过行业自律管理来净化互联网环境。"少干预、重自律"是当前国际社会管理网络内容的一个共同思路，如 2013 年 8 月，中国互联网协会发出"积极传播正能量，坚守'七条底线'"的倡议。四是充分利用技术手段，强化对不良网络信息内容过滤封堵。如美国对网络色情等有害信息的控制采取了"以技术手段为主导、网络素养教育为基础、政府立法为保障、积极寻求国际合作的综合管理模式"。

三、大国竞争走进网络空间

近年来，为维持信息技术优势和经济霸权，西方国家开始将网络安全作为贸易保护主义的重要工具。2012年3月，澳大利亚政府以担心中国网络攻击为由，禁止华为公司对数十亿澳元的全国宽带网设备项目进行投标；2012年10月，美国国会发布调查结果，称中国华为公司、中兴公司"可能对美国带来安全威胁"，建议美国公司尽量避免同华为、中兴合作；2013年3月，美国通过《2013年合并与进一步持续拨款法案》，限制美国政府机构从与中国政府有关的公司购买信息技术。以网络安全为由实施贸易保护，符合世界贸易组织的规则，而且与原有绿色壁垒等保护工具相比，可针对整个信息技术产业，而不是针对具体产品，这对于掌握一定核心技术、具备较强竞争力的新兴企业而言影响重大，也给发展中国家高技术产业全球布局带来阻力。

第三章 2013年世界信息安全存在的主要问题

一、世界各国信息安全能力发展不均衡

当前，全球信息化水平发展不均衡，而在信息安全能力上，这种不均衡则更加严重。ITU发布的《衡量信息社会发展（2012）》报告称，发展中国家信息化水平有了显著的增长，但与发达国家相比，仍存在巨大的差距，如2011年年底发达国家互联网普及率达到70%，而发展中国家仅为24%，许多发达经济体宽带带宽达到10M以上，而许多发展中国家只有低于2M的带宽。信息化水平差距基本体现了信息技术能力的差距，当前世界上，美欧等西方国家垄断了核心信息技术，多数发展中国家已沦为网络半殖民地国家，基本丧失了网络安全能力。据2013年9月最新披露的信息显示，美国国家安全局（NSA）通过实施"奔牛"项目，已经获得针对HTTPS、SSL、虚拟专用网络（VPN）、VOIP等互联网广泛使用的加密手段的破解方式；通过实施"Sigint"项目，采用引诱和强迫的手段，与国内外信息技术企业合作，在商业加密系统、通信设备等技术产品中植入"后门"和漏洞，从而降低获取重要信息的成本和技术挑战，同时还以国家安全为借口直接向各大互联网企业索取用户隐私信息，如"棱镜门事件"中揭露的信息。甚至采用秘密方法控制信息安全国际标准的制定,从而向密码算法中植入"后门"。当前的互联网对于美国等西方国家已经没有秘密可言，而对于技术落后的发展中国家而言，则已经无信息安全可言。

二、西方国家推行网络霸权破坏网络空间生态环境

当前，网络空间已经成为世界各国重要的战略资源，而美国等西方国家依靠技术和军事实力，在网络空间推行网络霸权，这严重破坏了网络空间的"生态环境"。首先，美国是当前互联网的实际控制者，并拒绝向国际社会交出控制权。美国实际上掌握互联网根域名服务器等互联网基本资源的控制权，世界上一共有13个根服务器（其中一台主根服务器，12台副根服务器），其中主根服务器和9台副根服务器都在美国。2003年伊拉克战争期间，美国政府授意互联网域名与地址管理机构（ICANN）停止解析伊拉克顶级域名".iq"，伊拉克在网络空间中"消失"，2004年4月，由于在顶级域名管理权问题上发生分歧，".ly"（利比亚顶级域名）瘫痪，利比亚在互联网上消失了三天。其次，美国不断加强网络空间部署，制造网络空间战略威慑。当前，美国网络部队总人数已经达到7万人以上，未来还将新增40支网络小队，其中包含13支进攻型部队，同时，美军已经研发出2000多种计算机病毒武器，正着手研发"网络飞行器"、"数字大炮"等新型网络攻击武器。最后，美国依据自身在网络空间的控制力，肆意攻击他国网络并窃取重要信息，从而维护其在现实世界中的霸权地位。从最新披露的信息来看，美国各大情报机构都加强了网络空间的力量，在世界各国建立了大量网络监控服务器，通过"棱镜"、"精灵"、"XKeyscore"等监控计划入侵他国网络并获取重要信息。美国这些行为已经颠覆了国际网络空间的正常秩序，严重破坏了网络空间的"生态环境"，影响了国际网络空间的发展。

三、少数国家网络行为影响他国主权完整

当前，网络空间已经与领土、领空、领海并列，成为国家主权的重要标志，而部分国家通过网络舆论、网络攻击等手段干涉他国主权，影响十分恶劣。一方面，随着互联网的普及应用，信息网络成为西方国家推行其意识形态的有力工具与重要场所，正如英国学者安德鲁·查德威克所说："互联网成为西方价值观出口到全世界的终端工具"。在突尼斯、埃及、也门等北非和中东国家变革中，手机媒体、Twitter、YouTube、Facebook等发挥了举足轻重的作用。当前，西方国家支

持设立了上千个"明慧网"、"哲瓦在线"等法轮功、藏独、疆独网站，这些网站已经成为政治谣言的主要来源，成为敌对分子对我国从事破坏、策反和颠覆等活动的重要工具。另一方面，美国等西方国家利用其在信息技术和产业方面的优势，采用各种非法手段监控和收集他国重要信息，攻击他国关键系统。2013年6月，美国"棱镜"等互联网监视项目曝光。从披露的信息看，美国依靠其在信息技术及产业上的巨大优势，绕过各国的信息安全防护，实现了对整个国际网络空间的监控。美国这种行为，已经严重影响了他国的主权，网络空间亟需建立完善的机制。

四、网络军事联盟和网络战威胁世界和平

西方国家积极开展网络空间安全国际交流合作，构建网络空间联合防御体系，打造网络军事联盟，制造网络空间战争威胁，影响网络空间和平。一是在北约框架下构建网络防御军事同盟。2008年北约成立了网络安全中心，并通过制定网络防御方针和行动计划、开展网络防御研发、组织网络防御演习等措施不断完善网络防御能力。按照北约网络防御规划，自2013年起所有北约国家都将推出网络防御国家政策，建立网络防御国家主管机构，并形成针对网络攻击的即时响应能力。二是在欧盟框架下构建网络空间防御体系。2013年发布的《欧盟网络安全战略》提出，将在欧盟共同防务的框架下，制定网络防御政策和发展防御能力；欧盟还要求各成员国成立专门机构与欧盟委员会共享早期风险预警信息。三是通过双边谈判构建共同防御体系。例如，美国与澳大利亚在2011年9月便将网络战正式列入双边安全条约；美国和日本在2013年5月发表联合声明，两国将通过对话加强在网络空间的广泛合作。

五、国际信息安全缺乏统一协调机制

当前，随着信息化应用的日益深入，信息安全地位越发重要，国际上各方对网络空间话语权的争夺日趋激烈。然而，当前国际社会仍未形成统一的信息安全协调机制，难以平息国际网络空间各种争端。国际网络空间话语权的争夺主要体现在两方面：一是对网络空间管理权的争夺。美国是国际互联网的发源地，也是

当前国际网络空间的实际管理者。随着网络空间重要性的日益提高，包括俄罗斯、欧盟和广大发展中国家在内的国际社会普遍对美国掌控互联网管理权表示担忧，但美国一直借各类理由拒绝交出管理权。二是对网络空间国际规则制定权的争夺。目前涉及网络空间行为的国际公约及规范仍处于发展阶段。2011 年美国在《网络空间国际战略》中，阐述了其对网络空间国际规则的基本主张，提出全球互操作性、网络稳定性等原则，该主张得到英国等西方国家认同。俄罗斯与中国同年提出了《信息安全国际行为准则》，主张在联合国框架下建立网络空间规则，提出各国不应利用信息通信技术实施敌对行为等基本原则，该主张遭到西方国家的强烈反对。

政 策 篇

第四章　欧盟《网络安全战略》[1]

2013年2月7日，欧盟委员会和欧盟外交与安全政策高级代表共同发布了《网络安全战略——一个开放、安全、可靠的网络空间》，旨在通过各成员国政府、私营企业和公民的共同努力，使欧盟拥有世界上最安全的网络环境。这是欧盟首个网络安全综合性政策，一经推出便引起国际社会高度关注。

一、出台背景

本世纪以来，信息技术和网络极大促进了各国经济发展和社会进步，但也引发了一系列安全问题，如网络欺诈和身份盗用等网络犯罪活动日益猖獗、大规模用户信息泄露事件层出不穷、针对关键基础设施的网络攻击逐渐增多，给各国国家安全和公众生活带来日益严重的挑战。欧盟亦不例外。频发的信息安全事件正在改变欧盟公民对互联网的看法，据2012年欧洲民意调查显示，74%的受访者认为成为网络受害者的风险正在增加，18%的受访者表示不太可能再从网上购物，15%表示不太可能再使用网上银行。要想有效应对、减少和防止网络安全问题，提升公众对信息网络的信心，欧盟需要从战略层面加强网络安全顶层设计，欧盟网络安全战略正是诞生于这样的大背景下。

---

[1] EU Cyber Security Strategy – open, safe and secure, http://www.eeas.europa.eu/policies/eu-cyber-security/, February 2013.

二、主要内容

《欧盟网络安全战略》正文分为"介绍"、"优先战略任务和行动方案"、"角色和责任"及"总结和后续工作"四个部分，主要包括以下内容：

（一）确立了欧盟维护网络安全的原则。战略提出了指导欧盟和国际网络安全政策的五大原则，即适用于传统物理空间的法律和规范同样适用于网络空间；保护基本权利、言论自由、个人数据和隐私；确保每个人均可访问互联网；采用民主、高效的多利益相关方管理方法；政府、企业和公民共担维护网络安全的责任。

（二）明确了各利益相关方的权利和责任。战略从国家、欧盟和国际三个层面，明确了各利益相关方在维护网络安全过程中的角色。国家层面，要求各成员国制定相关计划，同时促进国家机构与私营企业之间的信息共享；欧盟层面，鼓励 NIS 主管部门、执法部门和国防部门开展合作，并重点推动政府部门间的信息共享；国际层面，强调要加强与伙伴国及欧洲理事会、欧安组织等国际组织的合作。根据安全事件性质和影响程度的不同，战略还对发生重大网络事件时的快速响应机制做了相应界定。

（三）确定了优先战略任务及行动方案。为有效应对网络安全挑战，战略确定了五大优先战略任务及实现这些目标的行动路径，主要包括：

1. 提升网络恢复能力。各成员国应：政策方面，批准国家 NIS 战略和国家 NIS 合作计划；体制方面，指定国家 NIS 主管机构，建立应急响应队伍（CERT）；机制方面，建立预防、检测、处置和响应的协调机制，完善信息共享机制；意识方面，通过发布报告、组织专家研讨会、开展"欧洲网络安全月"活动等，提高公众网络安全意识；教育培训方面，分别对普通学生、计算机专业学生和政府职员开展不同内容的培训。

2. 强力打击网络犯罪。法律方面，敦促尚未批准《欧洲布达佩斯网络犯罪公约》的成员国尽快批准和执行该公约，确保网络犯罪相关指令的迅速转化与执行；体制方面，各成员国应建立国家网络犯罪应对机构，明确欧洲网络犯罪中心、欧洲刑警组织和欧洲司法组织各自的工作任务；能力建设方面，通过欧盟资助项目，如建立"网络犯罪示范中心"等方式，支持学界、政府和企业之间的合作，确定最佳实践和可行技术。

3. 制定网络防御政策。为有效应对网络威胁，各成员国应：制定欧盟网络防御政策框架，从领导、组织、教育、训练、后勤等方面发展欧盟网络防御能力和技术；促进民间和军方在最佳实践、应急响应、风险评估等方面的交流，企业为军方提供更多网络防御演习机会；与北约等合作伙伴进行对话，明确需要合作和避免重复工作的领域。

4. 发展行业技术资源。计划建立一个由各利益相关者共同参与的平台，为开发和采用安全的信息通信技术解决方案创造有利市场条件；支持安全标准的制定，支持在云计算等领域使用欧盟范围内的自愿认证方案；加大研发投资和促进创新，落实"地平线 2020 研究和创新框架项目"。

5. 推动双边多边合作。双边层面，欧盟尤其强调在欧美网络安全和网络犯罪工作组的背景下加强与美国合作的重要性；多边层面，欧盟将寻求与欧洲理事会、经合组织、联合国、欧安组织、东盟等的合作。此外，欧盟力推《欧洲布达佩斯网络犯罪公约》，并支持国际社会制定网络安全行为规范和建立信任措施。

三、简要评析

日益严峻的现实威胁直接催生了欧盟战略的诞生，这也是延续既往政策之举。全球首批国家网络安全战略诞生于 21 世纪初，其中不乏欧盟成员国。2007 年，爱沙尼亚遭受网络攻击后，于 2008 年发布了欧盟成员国中的第一份网络安全战略，随后，芬兰、捷克、法国、德国、英国等国家也分别出台了战略文件。但是，由于各成员国国情不同，加之对网络安全及其他相关术语的理解有别，各国实施网络安全战略的方法也迥然相异，给整个欧盟层面的网络安全保障工作带来了难度。2012 年 5 月 8 日，欧洲网络与信息安全局（ENISA）曾发布过《国家网络安全战略——为加强网络空间安全的国家努力设定线路》，表示将制定一个整体的欧盟网络安全战略，并提出了欧盟成员国国家网络安全战略应该包含的内容和要素。欧盟整体战略的出台，正是对 ENISA 发布战略的积极响应。

另外，欧盟战略的出台也是跟进国际形势之策。近两年，随着网络安全形势的日益严峻，各国都加大加快了制定网络空间安全战略的力度和步伐。美国奥巴马政府上台后，白宫相继发布了《网络空间政策评估报告》、《网络空间可信身份国家战略》、《网络空间国际战略》，紧接着，美国国防部、国土安全部、商务部也先后推出本部门网络安全战略；英国分别于 2009 年和 2011 年发布了两份网络安全战略;2011 年，捷克、法国、德国、荷兰、印度也各自推出了相关战略文件。这些战略，既是各国为发展本国网络安全力量而实行的顶层设计，又是各国为抢占网络空间制高点而开展的行动部署。作为全球竞技场上最具影响力的一员，欧盟发布网络安全战略，正是顺应时代潮流和跟进国际形势的举措。

第五章　日本《网络安全战略》[1]

2013年6月10日，日本信息安全政策委员会批准了《网络安全战略》，旨在发展"弹性"、"有活力"和"世界领先"的网络空间，使日本实现全球领先的网络安全。

一、出台背景

伴随着网络空间与现实世界的加快融合，网络空间的安全风险也日益加剧。目前，信息的窃取、修改、破坏，以及信息系统的运作停止等网络攻击威胁越来越严重。初期的网络攻击，主要是个人行为，以炫耀和满足个人欲望为目的，但是近年来却发生了一系列以获取金钱或实现政治目的的网络攻击，旨在窃取国家和企业机密情报、破坏重要的数据及系统等。而且，智能移动终端等设备的迅速普及，以及传感器等设备的使用，进一步加剧了日本遭受网络攻击的风险。基于此，日本着手制定新的网络安全国家战略，旨在适应新形势新变化，通过多项措施加强网络空间安全保障。

二、主要内容

一是明确日本网络安全战略目标和基本原则。战略目标是：通过发展"世界

---

[1]　Information Security Policy Council, サイバーセキュリティ戦略, http://www.nisc.go.jp/active/kihon/pdf/cyber-security-senryaku.pdf, June 2013.

领先"、"弹性"和"有活力"的网络空间,确保国家安全和危机管理、社会经济发展、内外部公共安全,以及实现一个能有效防范网络攻击的社会。基本原则有四个:确保信息的自由流动;提供新的措施应对日益严重的网络安全风险;增强基于风险的响应;网络安全参与各方基于各方的社会责任采取行动及与他人合作。

二是明确网络安全参与各方及职责。参与各方包括国家、关键基础设施服务提供者、产业界、学术界、用户、中小企业和网络空间相关机构。国家负责网络空间外交、国防事务和网络犯罪打击,增强处理上述三方面事务的能力;国家将赋予国家信息安全中心更多的权力,以使其可称为网络空间的指挥者,并在2016年年底前完成对该中心的重组。信息通信技术、金融、航空、铁路、电力、石油石化等10大关键基础设施部门的服务提供者负责增强各自的网络安全措施。产业界和学术界共同促进先进技术研发和信息安全人才培养。网络空间相关机构负责信息技术产品脆弱性分析、网络安全事件分析等。

三是针对构建"弹性"、"有活力"、"世界领先"网络空间的目标,提出了确保网络空间安全的任务和措施。

1. 构建"弹性"网络空间。从政府、关键基础设施服务提供者、私人企业和教育研究机构三个层面,以及网络空间清洁、网络犯罪打击、网络国防等重点领域提出相应的具体措施。政府层面需采取的具体措施包括:将信息系统迁移到政府公共云平台上,构建抗网络攻击的系统基础;强调根据系统的重要性采取措施;增强关键基础设施服务提供者对关键信息的处理;增强 GSOC 的能力,更好地监测和分析安全事件,并在政府部门间共享信息;加强 CYMAT 和 CSIRT 之间的合作,政府共享信息和共同响应安全事件;每年针对大规模网络攻击实施培训。关键基础设施服务提供者层面要采取的具体措施包括:在关键基础设施服务提供者和网络空间相关机构之间共享网络攻击信息;由 GSOC 建立与关键基础设施服务提供者共享安全事件信息的框架;重新考虑关键基础设施的范围、关键基础设施企业安全措施,建立新的行动计划。私人企业和教育、研究等机构层面要采取的具体措施包括:通过刺激小微企业在网络安全领域的投入等措施,增强小微企业识别网络攻击的能力;通过运用试验测试床增强企业对网络攻击的响应能力;在私人企业和研究机构创建 CSIRT,提高应对网络攻击的响应能力。网络清洁方面的具体措施主要有:启动全国性的"网络清洁日"活动;搭建相应框架使 ISP 能够警告个人接入了恶意网站等。网络犯罪打击方面要采取的措施包括创造日本的

NCFTA，增强与反病毒厂商之间的信息共享等。网络国防方面的具体措施包括增强日本自卫队抗网络攻击的能力。

2. 构建"有活力"网络空间。从促进产业发展、研究和开发、人才队伍建设、提高公众意识四个方面，采取相关措施。在促进产业发展方面，要增强当前对国外产业高度依赖的信息安全产业的竞争力，具体措施包括积极参与国际标准制定、建立机构对工业控制系统进行评估和认证、政府部门采购采用尖端技术的产品等；在研究开发方面，要研发应对风险的安全技术，具体措施包括加强网络攻击监测和分析技术的研发、发展尖端技术以应对多样和复杂的网络攻击等；在人才队伍建设方面，要发展高素质的、具有国际能力的网络安全专家，具体措施包括开展公私合作培训计划以及技能竞赛活动以挖掘优秀人才、支持参加国际会议或到海外机构学习以培养具有国际竞争能力的人才；在提高公众意识方面，具体措施包括建立个人能识别风险的框架并决定是否在智能手机中应用等。

3. 构建"世界领先"网络空间。提出了外交、全球推广、国际合作层面需采取的措施。外交层面的措施包括不断申明现有《联合国宪章》等国际法律如何在网络空间应用、与美国等国家合作建立网络空间的国际准则等；全球推广层面的措施包括与其他国家合作建立网络攻击信息搜集网络，并开发预测和快速响应网络攻击的方法等；国际合作层面的措施包括与其他国外机构加强关于网络犯罪信息的交换、建立日常沟通渠道实施研究合作和网络演习等。

三、简要评析

2013年日本《网络安全战略》首次采用了"网络安全"的概念，而不是以前战略中的"信息安全"，这标志着日本对安全威胁认识的整体转变。以往日本将国家信息安全的努力集中在防止网络窃密上，近年来一系列针对政府和国防工业的窃密事件的披露，进一步提升了日本对网络安全问题的认识，例如2011年发生的针对三菱重工的著名的间谍攻击事件，使日本认识到网络窃密仅是网络攻击的一个可能后果，对关键服务的物理设施的破坏也将有可能发生；2013年3月发生的针对韩国银行、广播电视台等的网络攻击，瘫痪了这些机构的商业服务，更使日本认识到构建有效防范网络攻击能力的重要性。2013年《网络安全战略》采用"网络安全"的概念，表明日本将其国家网络安全努力从确保信息的安全转向对大规模网络攻击的应对。

综观日本《网络安全战略》，有几个亮点值得关注：一是日本将赋予国家信息安全中心更多权力，使其在网络威胁应对中承担"指挥"角色。这点与美国、英国、法国等国家设立网络空间顶层领导机构的做法一致，旨在形成网络空间的国家合力。二是日本将重新界定哪些属于关键基础设施。目前日本确立10类关键基础设施行业和部门，但面对日益严峻的网络安全威胁，日本认为有必要重新界定关键基础设施，因为一旦关键基础设施遭受破坏，将给社会经济和人民生命财产造成巨大损害。三是加强与私营企业的信息共享，这是监测和发现威胁、提高对网络攻击防范能力的有效手段之一。四是设立"网络清洁日"，提高用户对网络威胁的意识。五是研究现有可适用于网络空间的国际法，并与美国建立优先合作关系。

从上可见，日本正在寻求国家顶层机构对网络安全事务的统一领导，寻求将网络安全工作的核心从信息安全转向关键基础设施安全，寻求通过技术手段和公私信息共享机制建立来有效对抗网络攻击，寻求提高社会公众对网络攻击的认识，以及寻求与美国在网络安全事务上的紧密合作等。这些都非常值得我国借鉴。

第六章　印度《国家网络安全政策》[1]

2013 年 7 月 2 日，印度通信和信息技术部公布了《国家网络安全政策》。该政策明确了未来五年印度网络安全的目标和行动方案，旨在构建一个网络安全总体框架，为政府制定保护网络空间的措施、为企业和用户有效维护网络安全提供指导。

一、出台背景

当前，信息技术已经成为印度经济发展和繁荣的重要引擎，信息技术的快速发展，不仅深刻地影响了人们的生活，也确立了印度在国际信息技术市场上的重要地位，推动了印度经济社会快速转型和整体进步。但与此同时，随着信息技术的不断演变，印度网络安全隐患日益增多，成为国家面临的严重威胁之一。据诺顿公司数据，2012 年印度网络犯罪受害人数就高达 4200 多万，占互联网成人用户的 66%，造成直接经济损失 80 多亿美元，印度平均每天约有 11.5 万人、每分钟 80 人或者说每秒钟超过 1 人成为网络犯罪的受害者。近年来，印度网络犯罪从利用黑客技术盗用个人信息、商业情报和进行经济诈骗，转为针对大型信息技术系统、云计算、安卓系统以及其他数字生活终端等的新型网络犯罪，新型网络犯罪给印度政府及企业带来更大挑战。有数据显示，仅 2011 年印度就遭受了来自国内外的 13000 次网络攻击。印度政府已经认识到新型网络犯罪的危害，以及网络安全的严峻形势，正在不断加强从政策立法到技术创新的网络监管手段。从

---

[1] Ministry of Communication and Information Technology, National Cyber Security Policy 2013, http://deity.gov.in/content/national–cyber–security–policy–2013–1, July 2013.

2011 年开始，印度着手制定《国家网络安全政策》，数易其稿后于 2013 年 7 月 2 日予以发布。

二、主要内容

《国家网络安全政策》明确了印度网络安全的愿景、任务，设定了未来五年国家网络安全的 14 项目标，并提出了战略性的行动方案。主要内容如下：

（一）明确国家网络安全的愿景和四大任务。愿景是：为公民、商业和政府构建一个安全的、有弹性的网络空间。四大任务是：保护网络空间信息和信息基础设施，建立对网络威胁的阻止和响应能力，通过组织架构、人员、程序、技术和合作等降低脆弱性，最大限度地减少网络事件的危害。

（二）设定未来五年国家网络安全的 14 项目标。主要是：创建安全的网络生态环境，促进信息技术在所有经济领域的采用；建立一个安全保障框架，确保遵从国际网络安全最佳方案和合格评定标准（涉及产品、流程、技术和人员）；健全和完善网络安全生态环境的监管框架；通过有效的预测、预防、保护、响应和修复行动，实现 7×24 小时网络安全应急响应和处理，建立危机管理机制，获取关于 ICT 基础设施威胁的战略性信息；加强对国家关键信息基础设施的保护，增强其弹性和恢复力；通过前沿技术研究、解决方案研究、概念证明、试点开发等措施自主研发合适的安全技术；建立检测和验证 ICT 产品安全性的基础设施，提高 ICT 产品完整性的可见度；5 年内通过技能培训等建立一个由 50 万人组成的、精通网络安全的队伍；对采纳网络安全标准、程序和最佳实践的商业机构提供财政优惠；在加工、处理、储存以及传输过程中要保护数据，保护公民个人隐私、降低因数据窃取而带来的经济损失；有效阻止、调查和检控网络犯罪，并增强法律执行能力；创建用户需对其行为负责的网络安全文化；通过技术和运营层面的合作，建立公私合作关系；增强国际合作。

（三）提出了战略性的行动方案。为确保网络安全目标的实现，政策从 14 个方面提出了战略性的行动方案。

1. 创建安全的网络生态环境。指定一个全国性机构协调国家网络安全事务，并清晰界定其角色和责任；鼓励所有国有的或私营组织设立首席信息安全官，负责网络安全工作和行动；鼓励所有组织建立与其商业战略紧密结合的信息安全政策，这类政策应当建立信息安全流动的标准和机制、威胁处理计划、积极主动的安全状况评估等；确保所有组织设定专款实施网络安全相关行动方案或满足应急响应要求；提供财政方案和激励政策鼓励机构基于网络安全考虑安装、增强或更新信息基础设施；通过促进技术研发、网络安全遵从性和积极主动的行动，阻止网络安全事件的发生；建立信息共享机制、网络安全事件的确认和响应机制；鼓励机构采购可信 ICT 产品采购指引中所列产品，并提供采购的没有安全隐患的国产 ICT 产品。

2. 创建安全保障框架。促进对全球安全最佳实践的采纳；建立对最佳实践、标准和指引的符合性和遵从性评估的基础设施；要求所有政府机构和关键信息基础设施部门实施风险评估和风险管理流程、业务连续性管理、网络危机管理等方面的全球最佳实践；识别机构涉及风险获取、有助于理解机构所采取的安全保护措施的设施和资产，并进行分类；建立符合性评估制度框架，定期对是否符合网络安全方面的最佳实践、标准和指引进行评估；鼓励所有机构定期测试和验证安全控制措施的有效性。

3. 鼓励开放标准。鼓励采用开放标准，便利不同产品或服务的互操作和数据交换；政府和企业联合设立机构，测试和验证基于开放标准的 IT 产品的可用性。

4. 增强监管框架。建立一个动态的法律框架和定期评估机制，评估信息技术发展所带来的安全挑战，以及印度法律框架与国际框架的协调性；强制性的定期对信息基础设施安全监管框架的全面性、有效性等进行审计和评估；加强公众、组织机构等对监管框架的认识和教育。

5. 建立安全威胁早期预警、脆弱性管理和威胁响应机制。建立国家级的系统、程序、架构和机制来感知威胁，并促进与私人机构之间的实时信息共享；运营国家级的计算机应急响应小组，统筹协调国家计算机应急响应和危机管理；运营部门级别的计算机应急响应小组；实施危机管理计划以处理所有影响国家运行、公共安全和国家安全的网络安全事件；在国家、部门和私人机构层面实施周期性的网络安全技能和演练。

6. 确保电子政府服务安全。所有电子政府要强制实施全球最佳实践、业务连续性管理、网络危机管理计划；鼓励在政府部门广泛使用 PKI 技术促进可信通信和交易；加入信息安全专业组织和机构协助实施电子政府行动计划并确保安全最佳实践的遵从性。

7. 关键信息基础设施保护和可恢复性。发展关键信息基础设施保护计划并促进私人机构实施该计划；运营 7×24 小时国家关键信息基础设施保护中心作为国家关键基础设施保护的节点机构；基于保护计划促进关键基础设施和资产的识别、确定优先项、评估、补救和保护；所有关键基础设施部门要强制实施全球最佳实践、业务连续性管理、网络危机管理计划；鼓励并在合适时强制使用经评估和验证的 IT 产品；定期对关键基础设施进行安全审计。

8. 加强网络空间研发。启动实施研发项目并明确所有研发领域的短期、中期和长期目标；鼓励研发低成本、特制的国产安全解决方案；促进研发成果的商业化应用；针对网络空间的重要战略性领域设立卓越研发中心；与产业界、学术界开展前沿性技术和解决方案研究的联合研发。

9. 降低供应链风险。建立对 IT 安全产品的评估和国际最佳实践符合性验证的基础设施；与产品/系统供应商、服务提供商建立可信关系；在机构开展安全威胁、脆弱性和安全后果的教育。

10. 人力资源发展。实施教育和培训项目；通过公私合作在全国建立网络安全培训基础设施；在关键领域建立网络安全意识和技能发展概念实验室；建立系统化的机制提高执法机构的能力。

11. 增强网络安全意识。实施综合性的全民网络安全意识教育项目；实施、支持网络安全工作组开展研讨会和证书认证等。

12. 发展有效的公私合作。促进机构之间（包括私人机构）在网络安全领域尤其是关键基础设施保护领域的协调和合作；开展公私合作示范；建立网络安全政策智库。

13. 信息共享和合作。与其他国家发展双边和多边合作；促进与国际社会在安全机构、CERT、网络防御和军队、法律执行机构和司法系统的合作；在技术和运营方面与产业界建立对话机制。

14. 优先实施政策。优先实施最关键领域的政策。

三、简要评析

《国家网络安全政策》是政府雄心勃勃的社会转型计划和印度经济发展的重

要支撑。该政策的一个显著特点就是建立了一套针对网络威胁的信息获取、响应和处理机制。该政策不仅针对政府和大型企业，而且也针对家庭用户，期望通过各方的共同努力加强国家的网络安全。从印度各界对该政策的评论来看，普遍认为政策为未来印度网络安全工作指明了正确的方向，但是政策本身还存在缺陷，要落实到操作层面还面临很多挑战。例如，政策明确将关键基础设施保护作为战略任务，但是对关键基础设施却没有进行明确定义，而且政策给企业设定了过多的遵从性要求；另外政策没有将个人隐私和公民自由作为网络安全的一个重要问题，尽管政策明确要实施隐私保护的相关标准，但是并未将其扩展至公民个人隐私保护的所有方面，这与美国在网络安全政策框架中强制要求设立隐私和公民自由官员的规定还相差甚远。

第七章　新加坡《国家网络安全总体计划》[1]

2013 年 7 月 24 日，新加坡信息通信发展机构宣布启动实施一项为期五年的网络安全政策——《国家网络安全总体计划》。该政策确定了 2013—2018 年新加坡网络安全的总体战略方向，旨在帮助政府和相关组织提高网络可恢复的能力，以便更有效地应对网络攻击，进一步确保网络环境的安全。

一、出台背景

新加坡的网络安全环境正日趋复杂，以窃取数据、中断服务等为目的的网络攻击日益增多，攻击手段越来越复杂。据 McAfee2012 年的调查显示，新加坡大约有 1/4 的受访企业没有测试他们的事件响应计划或排练安全事件发生后的应对方案；每 10 名新加坡人中，有 7 人熟悉其数字资产所面临的安全威胁，但几乎相同比例的人没有在其智能手机上安装任何安全软件；接近 90% 的人没有采取措施保护他们的平板设备。在新的安全形势下，进一步提高政府、企业和个人的安全意识，并加强新加坡通信基础设施和系统的安全性和韧性，显得至关重要。为此政府着手制定了《国家网络安全总体计划》。

---

[1] Infocom Development Authority Of Singapore, National Cyber Security Masterplan 2018 ,https://www.ida.gov.sg/About-Us/Newsroom/Media-Releases/2013/Singapore-Continues-to-Enhance-Cyber-Security-with-a-Five-Year-National-Cyber-Security-Masterplan-2018, July 2013.

二、主要内容

《国家网络安全总体计划》明确 2018 年新加坡网络安全的目标是成为"可信和强壮的信息技术中心"，它旨在创建一个安全的、有弹性的信息环境和充满活力的网络安全生态系统。该计划提出了网络安全的三个重要领域：

（一）增强关键信息基础设施的安全性和可恢复力。政府将与关键行业和部门合作，开展网络安全演习，并对高优先性的关键基础设施进行脆弱性评估，确保其安全能力和措施的有效性。国家将启动关键信息基础设施保护评估项目和国家网络安全演习项目，前者旨在对关键基础设施运行至关重要的信息系统的安全性进行评估，后者旨在增强国家在面对重大网络攻击时的准备能力和响应能力。政府还将通过积极主动的深度防御来降低网络安全威胁，包括提高现有侦测分析能力，增强政府整体的阻止和恢复措施。为此政府将增强网络监视中心和威胁分析中心的能力，前者将为政府机构提供安全监控服务，并通过先进技术和工具的采用提高监控的有效性，后者将采用分析工具对来源广泛的数据进行分析，并准确和有效地判断安全威胁。

（二）促进用户和商业机构采取合适的安全措施。加强现有措施以提高用户和商业机构的网络安全意识，现有网络安全意识和推广计划需要扩展推广和宣传渠道，以实现更广泛地覆盖和到达更多用户。推进政府与私人机构的信息共享，以及与产业界和贸易组织在网络安全和威胁信息交换方面的合作。

（三）建立新加坡网络安全专家库。网络安全专家将有利于国家应对日益复杂的网络安全威胁。为此，国家将在 IT 产业设立人力和知识产权资金。这包括：与高等教育机构合作将网络安全整合到其课程中；发展培训网络安全专家的网络教育设施；实施促进研发的计划以吸引和培养更多的网络安全专家。

三、简要评析

《国家网络安全总体计划》延续了新加坡既往的网络安全政策。2005 年新加坡开始实施一项为期三年的战略性计划，旨在提高国家信息通信安全能力以保护国家免受外部和内部的网络威胁。2008 年新加坡开始实施第二个网络安全计划，该计划为期五年，旨在通过网络安全意识联盟等行动，增强公共机构、私人机构和民众在网络安全领域的合作，通过在关键信息基础设施方面的共同努力，将新加坡建设为"安全可信的中心"。上述两个计划通过建设网络监视中心、威胁分析中心等机构，促进了新加坡网络安全态势感知和降低风险能力的快速提高。《国家网络安全总体计划》是新加坡实行的第三个网络安全计划，延续以往政策，继续加强政府和关键信息基础设施保护，创建一个包含商业机构、个人的广泛的网络生态环境。

《国家网络安全总体计划》相较以往政策有一个重大转变，从关注对网络威胁的态势感知和风险消减转向提高关键信息基础设施的安全性和可恢复性。为实现这种转变，新加坡将采取以下措施：建立对关键信息基础设施系统的安全评估制度，提高应对国家级网络攻击的能力，开展关键信息基础设施网络安全演习，以及提高网络监视中心等技术机构的网络威胁监测和分析能力等。该计划的另一个亮点就是使企业和个人在防御网络攻击中发挥更大的作用，这主要是因为当前针对中小企业的网络攻击日益增多，如果企业员工或个人消费者的电脑被入侵，将可能被利用访问更安全的网络或者被作为"僵尸"，从而带来更大的危害。在发挥企业和个人的作用方面，计划提出将主要采取两项措施：通过多种渠道宣传提高公众意识，在政府与私人机构之间信息共享，与产业界和贸易组织在网络安全和威胁信息交换方面的合作。该计划既关注关键信息基础设施安全，又高度重视企业和个人网络安全，这点对我国具有很好的借鉴意义。

第八章　美国《减少盗取美国商业秘密的政府战略》

2013 年 2 月 21 日，美国白宫公布了一份题为《减少盗取美国商业秘密的政府战略》的战略报告，宣称将采取贸易和外交行动的方式，严厉打击日益严重的商业间谍活动。

一、出台背景

美国是个高度重视创新的国家，这些创新的最终成果主要体现为知识产权，即版权、专利、商标和商业秘密等。然而，近几年针对美国公司的经济间谍活动和商业秘密盗窃活动正日益猖獗。美国众议院情报委员会民主党的主要代表鲁珀斯伯格曾表示，"2012 年美国企业因商业机密被盗而蒙受的损失超过了 3000 亿美元"。另外，美国多家媒体和相关研究机构也表示，有证据证明美国公司、法律事务所、学术界及金融机构正在遭受针对电子资料库的网络入侵和攻击，这些商业秘密盗窃行为造成一系列严重后果，不仅对美国的商业贸易造成了威胁，也影响了美国国家安全，损害了美国的全球竞争力，同时还削弱了美国出口和危及美国就业。奥巴马政府正是在这样的背景下出台了该战略，正如奥巴马总统在战略中所说的，"创新成果以及美国人民的独创性和创造力是我们最大的资产，美国将采取积极措施保护知识产权"。

二、主要内容

《减少盗取美国商业秘密的政府战略》提出了美国未来保护海外商业秘密的战略行动项目，内容主要分为五个方面：

（一）重视使用外交途径保护海外商业秘密。为了在全球范围内保护美国的创新性，首先，美国政府决定与贸易伙伴进行持续而协调的国际合作，相关部门如商务部、国防部、司法部等都将明确向相关国家传达美国政府对商业秘密的保护和重视程度，同时向这些国家施加压力，要求他们采取行动减少或解决商业秘密盗窃事件；其次，美政府也将利用贸易政策工具来增强国际打击商业秘密盗窃的执法力度，如与贸易伙伴开展更深层次的合作、加强年度 301 条款的使用、主导 USTR 贸易谈判等；再次，加强国际执法合作，对外国实体盗窃国内商业秘密开展本土调查工作；最后，开展国际培训和能力建设，增强防止商业秘密被外国盗窃和被非法商业化利用的能力。

（二）促进私营企业商业秘密保护资源性最佳实践的采用。战略提出，随着科技的进步、流动性的增加、全球化的迅猛发展和互联网的匿名性等特征，保护商业秘密面临越来越多的挑战，公司保护商业秘密的方法可能跟不上技术进步的步伐。对此，通过与美国司法部和国务院等相关政府机构合作，美国知识产权局执法协调官将促进组织和企业制定行业保护商业秘密的最佳实践，相关领域包括研究和开发信息的泄露、信息安全策略、物理安全策略、人力资源策略。

（三）加强国内执法行动。美国政府将采取更加积极的措施，协调国内各执法部门之间的统一行动。其中，司法部将公司和国家支持的商业秘密盗窃的调查和起诉列为最优先事项，并与 FBI 继续优先考虑加强打击商业秘密盗窃的执法力度；国家情报总监办公室将协调情报界并负责告知私营部门如何认定和组织商业秘密盗窃，并组织情报界和私营部门之间更广泛的讨论；司法部和联邦调查局将继续发布商业秘密调查和起诉报告，联邦调查局同时还要采取多种国家和地方措施，与私营部门共同开展宣传教育工作。

（四）完善国内立法。为了评估当前法律是否能有效防止侵权行为并保护知识产权，美国政府指导联邦机构对相关现行联邦知识产权法律进行了评估，形成了《美国政府 2011 知识产权执法法规建议白皮书》。该白皮书建议将经济间谍入狱的法定最高年限从 15 年提高到 20 年。同时，奥巴马总统已经签署了两份重要立法文件，即"公共法 112-236——2012 商业秘密盗窃说明法案"和"公共法 112-269——2012 外国间谍与经济间谍刑罚增强法案"，这将对未来的商业秘密检控产生直接积极的影响。

（五）提高公众意识。美国政府认为，促进包括普通公众在内的所有利益相关者意识到商业秘密盗窃行为对秘密所有者以及美国经济的危害，有助于减少商业秘密盗窃活动。政府将继续采取以下行动：商务部将利用现有资源，为私营部门提供有价值的信息；美国专利与商标办公室将运用当前的"路演"培训活动，为教育私营部门特别是中小企业提供论坛；联邦调查局将继续开展当前正在进行的提高公众意识的活动，推动公众关注商业秘密盗窃活动对美国造成的影响。

三、简要评析

从这份战略可以看出，为了应对商业间谍活动造成的威胁及损失，奥巴马政府已经加大了打击力度，该战略报告由司法部联合情报办公室等 8 个重要政府部门撰写，长达 141 页，所列举的五项战略行动项目，既涉及外交层面，也涉及国内立法，既涉及政府部门，也涉及私营部门，是一份内容全面、操作性强的行动指南，值得借鉴。

同时，也应该看到，虽然美国政府在战略中声称其行动并不针对特定国家，也并未具体点名中国，但战略中引用的 19 个窃密受害案例，其中有 16 个案例涉及中国人，并且表述得"详尽且具体"。战略还提出美国将与盟友就如何向中国等国家施压进行协调。而且，这份报告的发布时间也颇有意味，正值美国网络安全公司指责中国军方参与网络黑客攻击行动之际。所以，这份战略报告实际上还是带了深度的"有色眼镜"看待中国，针对中国的意味浓厚。实际上，美国近年来针对中国企业的商业秘密侵权指控可谓屡见不鲜。2011 年 7 月 18 日，美国康宁公司对河北东旭投资集团有限公司提起诉讼，指控该公司窃取其商业秘密，并广泛运用于电脑、智能手机和电视显示器的玻璃生产。2011 年 9 月以来，美国超导公司先后针对我国华锐风电公司提起 3 起民事诉讼和 1 起合同纠纷仲裁，诉讼金额高达 12 亿美元。这些都是美国近年来在网络空间频频对中国"放新话"、"出新招"的战略举动，中国应该高度重视和警惕。

第九章　美国《提高关键基础设施网络安全的行政命令》和《关键基础设施安全性和恢复力的总统令》

2013 年 2 月 12 日和 20 日，美国总统奥巴马先后通过了《提高关键基础设施网络安全的行政命令》和《关键基础设施安全性和恢复力的总统令》。

一、出台背景

信息时代，关键基础设施的正常运行高度依赖于信息技术和信息网络，由此，克服信息技术和信息网络因自身脆弱性或人为因素而造成的安全隐患，便成为保障关键基础设施安全的重要内容。美国是最早意识到关键基础设施极端重要的国家，各界政府采取了多项措施加强对关键基础设施的保护和管理，也形成了一套系统和完备的关键基础设施安全保护政策。但是近年来，随着信息技术的快速发展和信息网络的日益复杂，关键基础设施正面临越来越多前所未有的新挑战。奥巴马总统在发表连任以来的首个国情咨文时说，"美国面临着快速增长的网络威胁，黑客盗用民众的身份、侵入个人的电子邮箱，一些国家和企业窃取美国企业的机密，网络敌人正试图破坏美国的电网、金融机构以及空中交通管制系统。在我们的安全和经济面临真实威胁的时刻，我们不能无所作为"。正是在这样的背景下，奥巴马政府出台了这两份命令文件。

二、主要内容

（一）《提高关键基础设施网络安全的行政命令》

该命令提出要建立政府与私营机构信息共享机制，授权政府相关部门制定关键基础设施网络安全框架，要求国土安全部与特定部门制定支持关键基础设施所有者和运营商以及其他相关实体采用网络安全框架的自愿性网络安全计划，并对高危关键基础设施的鉴别予以明确规定。主要内容如下：

1. 关键基础设施定义。在本命令中，关键基础设施是指对美国至关重要的、实体的或虚拟的系统和资产，这些系统和资产遭到破坏或丧失功能将危及国家安全、国家经济安全、国家公共健康和社会稳定。

2. 网络安全信息共享。（1）美国政府将与美国私营机构共享网络威胁信息，并将致力于提高相关信息的数量、质量和实时性，以便这些机构更好地进行自我保护和抵御网络威胁。（2）司法部、国土安全部和国家情报局将在各自职责范围内出台指导方针，确保及时发布针对美国境内特定目标的网络威胁的公开报告。（3）在国家情报局的配合下，国土安全部和司法部将建立一种机制，将针对美国境内特定目标的网络威胁的公开报告迅速传达至目标实体。（4）在国防部的配合下，国土安全部将"增强网络安全服务"计划推广至所有关键基础设施相关部门，通过该计划政府将为关键基础设施公司或为其提供安全服务的商业服务提供商提供网络威胁和技术相关机密信息。（5）国土安全部将加快推进对关键基础设施所有者和运营商聘用人员的安全调查。（6）国土安全部将尽可能多的将私营机构相关领域专家临时性纳入联邦服务计划。这些专家应当在共享信息内容、结构、类型等方面为关键基础设施所有者和运营商提供建议，以减少和降低网络风险。

3. 隐私权和公民自由权保护。（1）关键基础设施各相关部门应当与负责隐私权和公民自由权的高级官员密切合作，共同协调本命令规定的活动，并确保对隐私权和公民自由权的保护切实融入这些活动中。（2）国土安全部首席隐私权官员和公民权利和公民自由部门的官员应当评估国土安全部按本命令承担的职能和项目在隐私权和公民自由权方面可能存在的风险，并向国土安全部提出减少或降低这些风险的方法。其他参与本命令规定活动的部门中负责隐私权和公民自由权的高级官员应当对其部门的相关活动进行评估，并将评估报告提交至国土安全部。（3）对于私营实体根据本命令自愿性提交的信息，应当在法律许可的范围内，按照《美国法典》第 6 卷第 133 节"保护自愿共享的关键基础设施信息"的相关条款予以最大限度的保护。

4. 协商机制。国土安全部应当建立用于合作提高关键基础设施网络安全的协商机制，考虑来自包括关键基础设施合作咨询委员会、行业协调委员会、关键基础设施的所有者和运营商等的建议。

5. 关键基础设施网络安全框架。（1）商务部应当指导美国国家标准与技术研究院负责人来牵头研发减少关键基础设施网络风险的框架（"网络安全框架"），该框架应当包含与网络风险的政策、业务和技术方法相符合的一系列标准、方法、程序和机制以应对网络风险。（2）网络安全框架应当提供一个划分优先级别的、灵活的、可复制的、基于性能的、具有成本效益的、包括信息安全控制措施在内的方法，以帮助关键基础设施的所有者和运营商鉴别、评估和管理网络风险。（3）在制定网络安全框架的过程中，国家标准与技术研究院应当广泛进行公众评审和意见征询，并在本命令发布之日起 240 天内发布网络安全框架草案。（4）国家标准与技术研究院在必要情况下对网络安全框架和相关指南进行审查和更新。

6. 自愿性关键基础设施网络安全计划。（1）国土安全部应当与特定行业部门协作建立自愿性计划，用于支持关键基础设施所有者和运营商以及其他相关实体采用网络安全框架。（2）特定行业部门在与国土安全部和其他相关部门协商后，应当配合行业协调委员会对网络安全框架进行评审。在必要的情况下，还应当针对特定行业风险和操作环境制定实施指南。（3）特定行业部门应当通过国土安全部向总统做年度报告。（4）国土安全部应当协调建立一系列激励措施以促进各方参与计划。（5）国防部和总务管理局应当与国土安全部和联邦采购管理委员会进行协商，并向总统提出建议，分析将安全标准纳入采购计划和合同管理的可行性、安全效益以及相关优点。

7. 高危风险关键基础设施的鉴别。（1）国土安全部应当明确那些一旦发生网络安全事故就可能在公共健康或安全、经济安全和国家安全方面在地区或全国范围内产生灾难性影响的设施。国土安全部应当为鉴别上述关键基础设施制定客观的、统一的标准。国土安全部应当对关键基础设施列表进行年度审查和更新，并报送总统。（2）国土安全部应当与特定行业部门协调，秘密通知经鉴别为高危风险的关键基础设施所有者和运营商。

（二）《关键基础设施安全性和恢复力的总统令（PPD–21）》

该总统令规定了关键基础设施安全性及恢复力的国家政策，阐明了关键基础设施中联邦政府的相关功能、角色和责任，明确了联邦、州、地方、部落和属地实体，以及关键基础设施公共和私有的所有者和运营者之间的责任共享。主要内容如下：

1.关键基础设施保护各方的角色和责任。（1）国土安全部部长。提供战略指导促进全国的共同努力。根据对2002年《国土安全法》的修订，国土安全部部长应当评估在保护关键基础设施中的国家能力、机会和挑战；分析关键基础设施的威胁、脆弱性和所有危险的潜在后果；与所有关键基础设施部门确定安全性和恢复力功能；协调特别部门和其它关键基础设施伙伴，发展国家计划和标准；整合和协调跨部门的安全性和恢复力活动；鉴别和分析关键基础设施部门之间的相关性；以及报告国家关键基础设施保护的有效性。例如，国土安全部部长还有鉴别和确定关键基础设施的优先级；运维国家关键基础设施中心提供态势感知能力；为关键基础设施的所有者和运营者提供分析、专业知识和其它技术协助；促进加强关键基础设施安全性和恢复力的必要信息和情报的获取和交换；开展全面的国家关键基础设施的脆弱性评估；协调联邦政府对影响关键基础设施的信息或物理事件的响应；支持司法部长和法律执行机构基于他们的职责调查和控告对关键基础设施的威胁和攻击；完成国家关键基础设施工作状态的年度报告等职责。（2）特殊行业机构。执行总统令，动态确定优先事项及协调具体部门的活动，为行业提供、支持或促进技术协助和商讨以确定脆弱性并帮助缓和事件，提供特定行业的关键基础设施信息支持国土安全部的年度报告。（3）其它联邦部门责任。包括国务院、司法部、内政部、商务部、国家情报委员会、总务署、核管理委员会（NRC）、联邦通信委员等的角色和责任。

2.三个战略措施。（1）阐明和细化与关键基础设施安全性和恢复力相关的联邦机构职能；（2）促进政府部门之间以及与关键基础设施所有者和运营者之间的有效的信息交换；（3）在集成和分析基础上明确关键基础设施相关计划和运营决策。

3.创新、研究和发展。为加强国家关键基础设施安全和抗灾能力，国土安全部部长联合科学与技术政策办公室、特殊行业部门、商务部和其他联邦部门和机构，给联邦及联邦政府资助的研究与开发项目提供投入，这些项目包括：（1）促进研发以保证在关键基础设施建设中采用安全、弹性的设计和更安全的网络技术。（2）提高建模能力以确定事件或威胁对关键基础设施造成的潜在影响，以及对其他部门的连锁影响。（3）提出促进措施以激励网络安全投资，结合关键基础设施设计特征加强其应对危害和恢复力的能力。（4）优先支持国土安全部部长的战略指导。

4. 指令的执行。（1）国土安全部部长应当编制国土安全部和整个与关键基础设施安全和恢复力相关的联邦政府的功能关系描述。（2）评价现有的政府与私营机构合作模型。（3）为联邦政府确定基准数据和系统要求，保证其有效的信息交换。（4）发展关键基础设施态势感知能力。（5）更新国家基础设施保护计划。（6）国家关键基础设施安全和抗灾研究计划。

5. 关键基础设施部门和领域负责机构。确定 16 个关键基础设施，及相应的联邦特殊行业部门，具体责任如下：化工—国土安全部；商业设施—国土安全部；通讯—国土安全部；关键制造—国土安全部；水利—国土安全部；国防工业基础—国防部；应急服务—国土安全部；能源—能源部；金融服务—财政部；食品和农业—农业部和卫生与公众服务部；政府设施—国土安全部和服务管理部；医疗保健和公共健康—卫生与公众服务部；信息技术—国土安全部；核反应堆、材料和废弃物—国土安全部；运输系统—国土安全部和运输部；水及污水处理系统—环境保护局。

三、简要评析

纵观全球，美国在保护关键基础设施安全方面行动较早。从克林顿政府到奥巴马政府，美国历届政府已发布了数十份保护关键基础设施安全的政策文件。从内容上看，它们主要围绕关键基础设施界定、机构设置、职能授权、政府与私营企业的合作、信息共享机制等方面展开，但是在具体规定上则既有变化性又有延续性：

首先，关键基础设施涉及的领域和范畴不断调整。1996 年克林顿政府第 13010 号行政令中，关键基础设施主要包括电信等 8 类；2003 年布什政府发布的《关键基础设施和重要资产物理保护国家战略》中，美国关键基础设施被划分为 11 类；2003 年第 7 号总统令《关键基础设施标识、优先级和保护》中，确认了农业和食品、能源等 17 类国家重要基础设施和关键资源；2013 年奥巴马政府第 21 号总统令重新确定了 16 类关键基础设施部门。总体看来，美国近年来对关键基础设施的分类正趋向稳定，但在稳定的同时，又从"关键基础设施"的概念衍生出了"关键资产"概念，后来还衍生出"关键资源"，表明美国关键基础设施内容和范畴也在随着信息技术的发展和网络安全新威胁新问题的出现而不断延拓，体现出决策的科学性。

其次，保护关键基础设施的机构及其职能不断完善。1996 年克林顿政府第 13010 号行政令建立了"总统关键基础设施保护委员会"；1998 年第 63 号总统令，计划在联邦调查局建立"国家关键基础设施保护中心"；2001 年第 13231 号行政令宣布成立"国家关键基础设施保护委员会"；2002 年，布什总统组建国土安全部，其所属的信息分析与基础设施保护局负责关键基础设施保护工作；2013 年第 21 号总统令强化了国土安全部的职责，并对国务院、司法部、内政部、商务部、国家情报委员会、总务署、核管理委员会、联邦通信委员等部门在关键基础设施保护方面的角色和责任进行了详细界定。

再次，对公私合作和信息共享机制的强调程度不断增加。美国大部分关键基础设施归私营企业经营和所有，政府必须和企业合作才能有效保护关键基础设施安全，因此文件都将政府与私营机构的合作及信息共享列为重要任务和途径。比如，1998 年第 63 号总统令提出，"国家基础设施保护中心"将汇聚来自政府与私营企业的代表，与私营企业合作开展史无前例的信息共享尝试，同时鼓励政府与企业建立信息共享和分析中心；2002 年《国土安全法》确立了关键基础设施信息的共享程序；2013 年第 13636 号行政令，明确要求国土安全部采取措施推进网络安全信息共享，第 21 号总统令更是直接将促进政府部门之间以及与关键基础设施所有者和运营者之间的有效信息交换作为三大战略措施之一。

第十章 美国《内部威胁政策》

一、出台背景

要想了解美国《内部威胁政策》，不得不提起美国陆军士兵布拉德利·曼宁。曼宁曾任美国陆军情报分析员。2009年11月到2010年5月，曼宁在伊拉克曾下载数十万份敏感文件，其中包括美国对各国领导人私人和公众生活直言不讳的评论等。之后，他把下载的文件交给了维基解密网站，该网站2010年7月开始公开这些文件。这是美国史上最大规模的机密文件泄露案件，这些泄露的外交电文和军事报告令国际社会一片哗然，对美国的国际形象也造成了较大的影响。针对这次泄密事件，美国政府专门推出了"内部威胁项目（Insider Threat Program）"，希望借助这一项目，帮助各大情报机构更好地阻止其员工外泄内部消息事件的发生。

二、主要内容

美国《内部威胁政策》旨在加强保护和维护分类信息，使行政部门的共同期望制度化，以及通过行政部门来灵活实施这些目标。总体来看，该政策要求所有联邦政府部门和机构，无论是否涉及国家安全，都要开展员工之间的相互监督，寻找并上报同事中"存在潜在威胁的人或行为"。如果发现情况而不上报，将遭到处罚甚至刑事指控。具体来看，《内部威胁政策》主要包括以下四部分内容：

（一）适用范围。13587号行政命令指示，美国政府行政分支部门和机构应该建立、实施、监测和报告"内部威胁项目"的有效性，以保护行政命令 13526 中界定的国家安全分类信息（包括所有执行分支部门和机构的机密信息，或操作或访问涉密计算机网络的所有员工），同时，应该威慑、检测和减轻这些内部威胁的发展，保护机密信息免受剥削、妥协、或其他未经授权的披露。

（二）部门和机构的职责。《内部威胁政策》生效之日起 180 天以内，建立一个安全检测和减轻内部威胁的计划；制定和实施共享政策和程序；指定一名高级官员，赋予其管理、问责和监督的权力；为记录管理提供法律咨询，确保公民隐私、权利和自由问题（包括使用个人身份信息）得到适当处理；颁布更多的部门和机构指南，以及进行自我评估是否符合内部威胁的政策和标准，其结果应当报高级信息共享和维护指导委员会（以下简称指导委员会）。

（三）内部威胁专责小组的角色和责任。根据 13587 号行政命令，成立内部威胁专责小组。该小组进行跨部门协调，主要负责制定行政部门内部威胁检测和预防方案，包括政策目标和优先次序，建立和整合可保障部门和机构安全能力、反间谍能力的做法，实施用户审计和监测，制定指导实施整个内部威胁执行程序功能的最低标准，主要包括：监控美国政府网络上的用户活动；评估人员的安全信息；培训员工防范和应对内部威胁的意识；进行分析、报告和响应。

（四）术语定义。"分类信息"主要指 13526 行政命令、12951 行政命令或 1954 年"原子能法"（42 U SC 2011）中对信息的界定，主要指那些需要保护以防未经授权的披露，或者以纪录片的形式标记以表明其类别的信息。"内部威胁"是指内部人士使用他 / 她的授权有意或无意访问、可能损害美国安全的威胁。

三、简要评析

美国政府实施《内部威胁政策》，主要是希望对员工的可信赖度进行评估，通过对破坏安全协议或未及时上报漏洞的行为进行惩罚，来保护美国的重要秘密信息不被泄露。根据"内部威胁项目"的要求，当政府职员中有人上报其他员工可能存在"会构成内部威胁的行为"后，相关部门就会对此展开调查。另外，"内部威胁项目"还包括电脑网络监控系统，一旦系统发现任何"可疑用户行为"并上报给"内部威胁专人"后，也会触发相应的安全调查。所以，这项政策对员工起到的监督作用是不言而喻的。但是，由于实施该政策后，政府机构雇员以及承包商都被要求随时注意身边同事的生活方式、情绪态度及行为，甚至还有专人"定期或者不定期"地查看政府雇员的个人信息、工资情况、私下接触人员等资料，以及他们使用电脑的记录及测谎结果、旅游报告、财务报告等，因此员工的隐私会被大大侵犯。同时，也会造成员工之间的不信任。所以，斯诺登泄露大量美国机密文件的事件，从某种意义上说正好表明"内部威胁项目"实际上很难起到美国政府所期望的作用。

第十一章　北约《塔林手册》[1]

2013年3月，北约《关于适用于网络战争国际法的塔林手册》（以下简称《塔林手册》）发行。手册并非北约官方文件或者政策，只是一个建议性指南，但是手册"首次尝试打造一种适用于网络攻击的国际法典"，因此一经发布就引起了各界的关注和重视。

一、出台背景

一方面，国际社会关于网络空间规则和行为准则尚未形成共识。近年来，世界各国越来越重视网络安全，但是面对的一个挑战是国家在网络空间中应遵守何种行为准则。美国从其国家利益出发，提出了网络空间可适用的行为准则，在2011年发布的《网络空间国际战略》中，美国提出，在网络空间中什么样的国家行为是可以接受的目前并没有相应的准则，但现有规范国家行为的国际准则，同样也适用于网络空间，而且在维护全球网络空间和提高网络安全方面，一些新兴准则如全球互操作性、网络稳定性等至关重要。美国希望能主导网络空间国际规则的制定，但是2011年中俄等国家提出确保国际信息安全的行为准则草案，主张各国在联合国框架下就网络空间国际规则和准则达成共识，使得美国难以主导国际规则和准则的制定。在此背景下，美国与其北约盟国推出了网络战规则《塔林手册》。

---

[1]　NATO Cooperative Cyber Defence Centre of Excellence,The Tallinn Manual on the International Law Applicable to Cyber Warfare,http://www.ccdcoe.org/249.html,March 2013.

另一方面，未来爆发网络战争的可能性正在增大，北约认为制定网络战规则尤为紧迫和重要。近年来的一系列事件，如 2007 年北约成员国爱沙尼亚遭大规模网络袭击，2011 年美国利用"震网"蠕虫病毒攻击伊朗铀浓缩设施，使得北约决策层认识到未来爆发网络战争的可能性正在增大。目前美国已经将网络空间作为全新的作战领域，为保持其网络战能力的优势，美国采取了一系列措施，包括：成立网络战司令部；宣布成立 40 支网络战部队，包括 13 支进攻性部队；研发网络武器等。为了方便美国等国家实施网络战，美国主导北约制定网络战国际规则《塔林手册》，规范网络空间武力使用等国家行为。

二、主要内容

北约《塔林手册》是由北约卓越合作网络防御中心邀请 20 名法律专家和网络专家，在美国网络战司令部等部门的协助下历时 3 年编撰而成。塔林手册包括 95 条规则，主要研究现有国际法如何适用于新型网络战争环境，分为"国际网络安全法"和"网络冲突法"两个部分，分别涉及"诉诸战争权"和"战时法"等法律体系。

"国际网络安全法"部分界定了网络空间中的国家主权以及何为侵权行动，共有 19 条规则，主要包括：（1）主权、管辖权和控制。主要规则有"一国可以对主权领土内的网络基础设施和行为实施控制"（规则 1）、"一国对于领土上从事网络活动的个人和网络基础设施拥有司法管辖权，依照国际法享有域外司法权"（规则 2）、"一国不应该蓄意允许领土上的网络设施被用于非法影响其他国家的行为"（规则 5）。（2）国家责任。主要规则有"一国应当对可归因于其的违背国际义务的网络行动承担国际法责任"（规则 6）、"网络行动若来源于一国政府的网络基础设施，并不足以表明该行动可归因于该国，但却可表明网络行动与该国有关"（规则 7）、"网络行动经由一国网络基础设施的事实不足以表明该行动可归因于该国"（规则 8）、"遭受网络恶意行为的国家可寻求对责任国适当的反制措施，包括网络反制措施"（规则 9）。（3）禁止使用武力。主要规则有"任何网络行动若对一国的领土完整或政治独立构成武力威胁或使用武力，或者以任何方式与联合国的目的不相符合，则该行动是非法的"（规则 10）、"若网络行动的规模和影响与传统的构成使用武力的行动造成的规模和影响相当，则该网络行动构成使用武力"（规则11）。（4）自卫权。主要规则有"针对某国的网络行动达到武装攻击的水平，则该国可以行使自卫权，网络行动是否构成武装攻击取决于其规模和影响"（规则13）、"一国行使自卫权时使用武力（包括网络行动）必须是必要的和适当的"（规则14）、"若网络武装攻击已经发生或迫在眉睫则一国可使用武力进行自卫"（规则15）。

"网络冲突法"部分主要是规范网络战中交战各方的行为准则，共有76条规则，主要包括：（1）武装冲突基本规则。主要有"在武装冲突中实施网络行动受武装冲突法约束"（规则20）、"指挥官或其他高级官员命令采取构成战争犯罪的网络行动的，应当承担刑事责任"（规则24）。（2）敌对行为。包括参与武装冲突、攻击、对个人攻击、对目标攻击、战争手段和方法、攻击的实施、预防措施等部分。主要规则有："武装冲突法并不禁止参与网络行动的人员类别，但参与的法律后果因武装冲突的性质和参与人员的类别而不同"（规则25）、"在国际武装冲突中，若非占领国平民因国家战时总动员参与到网络行动中，则享受战士免疫和战俘地位"（规则27）、"平民可直接参与到网络行动中但也因此而丧失免受攻击保护"（规则29）；"网络攻击是指根据合理预期会导致人员伤害或死亡、设施损坏或破坏的防御性或进攻性网络行动"（规则30）；"平民不应当成为网络攻击的目标"（规则32）、"禁止将网络攻击用于在平民中传播恐怖的目的"（规则36）；"民用设施不应当作为网络攻击的目标，计算机、计算机网络和网络基础设施若用于军事目的可以作为网络攻击的目标"（规则37）、"民用设施都是非军事目的的，军事设施是指依据性质、位置、目的或使用对一项军事行动有有效贡献，一旦被全部或部分破坏、控制或中立将使攻击者具有明确的军事优势"（规则38）、"即可用于民用目的、也可用于军用目的的设施是军事设施"（规则39）；"禁止使用从性质上看可引起多余的伤害或不必要痛苦的网络战争手段和方法"（规则42）、"使平民遭受饥饿的手段不得作为网络战争的手段"（规则45）、"禁止针对战争罪犯、被拘留的平民或被占领领土上的平民、战争参加者以及医护人员、设施、设备等采取报复行动"（规则46）、"在武装冲突期间对敌对国实施网络间谍或其他情报搜集行为不违反武装冲突法"（规则66）。（3）特定物体、人和行为。主要规则有"医护和宗教人员、医疗单位、医疗运输工具应当受到尊重和保护，特别地不得作为网络攻击的目标"（规则70）、"作为医疗单位、医疗运输工具完整部分的计算机、计算机系统和数据应当受到尊重和保护，特别地不得作为网络攻击的目标"（规则 71）、"联合国人员、设施、材料、单位和车辆，包括支持联合国运转的计算机和计算机网络，在武装冲突法中是作为平民或民用设施予以保护的，应当受到尊重和保护，不得作为网络攻击的目标"（规则 74）、"战争罪犯、被拘禁人员或其他被拘留人员必须被保护免受网络行动的伤害"（规则 75）、"禁止征召或招募儿童参加武装部队并允许他们参与网络敌对行为"（规则 78）、"针对危害性大的部队的网络攻击中，必须格外注意水坝、堤岸、核电站以及附近设施"（规则 80）、"禁止采取网络行动攻击、破坏、移除对平民存活必不可少的设施"（规则 81）、"外交档案和通信任何时候都免受网络攻击"（规则 84）、"禁止通过网络方法进行集体惩罚"（规则 85）。

三、简要评析

《塔林手册》以"国家主权"为逻辑起点和法理依据，全面论述了网络时代国家主权与网络安全的关系。它是在美英等西方国家主导下而产生的，内容上必然反映了这些国家的利益诉求，有明显利益化倾向。中国社科院当代中国研究所徐轶杰认为："《塔林手册》的很多规则为美英等国家发动网络战提供了方便，如第 6 条规则中'违背国际义务的行为'解释很宽泛；第 61 条规则提出网络战作为战争策略是被允许的，并在解释中明确了多种网络战战术，这一条款一旦获得国际社会承认，那么其他战术将被认为是非法的，扼杀其他国家网络战术创新的权利；《塔林手册》还设定了一些有利于北约自身的准则，如'一国受到网络攻击程度若达到武装攻击，可与盟国行使集体自卫权'，这意味着北约集体防卫权的涵盖范围有望在国际法层面上拓展。"《塔林手册》虽然仅是建议性指南，但体现出美英等国家正加紧争夺网络战规则制定权，我国应警惕美等西方国家的上述动向，加强网络战争法律适用理论研究，积极推动建立符合我国家利益的网络战争国际规则。

产 业 篇

第十二章 2013年世界信息安全产业发展概述

一、产业现状

（一）世界信息安全产业规模稳步增长

随着信息化程度的不断加深以及网络的普及，重要信息、数据丢失泄漏造成的潜在风险越来越大，全球面临着愈演愈烈的网络攻击压力，信息安全已经成为保证国家政治、经济和社会稳定的重要力量。全球的信息安全产业规模不断发展壮大，2013年全球信息安全产业规模达到1261.35亿美元，同比增长9.5%。

表 12-1　2009—2013 年全球信息安全产业规模及增长率

年度	2009年	2010年	2011年	2012年	2013年
产业规模（亿美元）	885.09	965.12	1053.91	1151.92	1261.35
增长率	6.8%	9.0%	9.2%	9.3%	9.5%

数据来源：赛迪智库根据相关资料整理，2014 年 3 月。

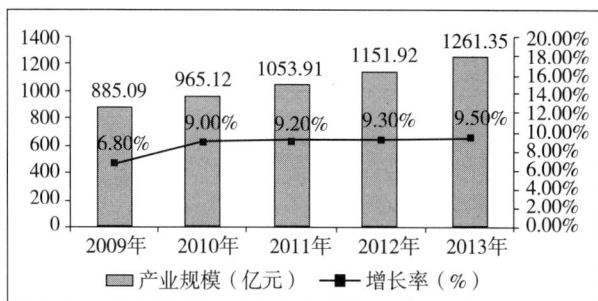

图12-1　2009—2013年全球信息安全产业规模及增长率

数据来源：赛迪智库根据相关资料整理，2014 年 3 月。

（二）产业结构继续向服务化方向调整

从产业结构来看，信息安全服务仍呈现出高速增长的态势，也逐渐成为信息安全产业新的增长点，无论是产业中所占比例还是自身的增速都有很大程度地提高。2013年，信息安全服务的规模为253.53亿美元，占全行业的比重由19.9%上升到20.1%，同比增长10.6%，增速维持在一个较高的增长水平。另外，信息安全软件增速也显著提高，增速高达11.03%，信息安全硬件相比软件和服务，无论是在所占比例还是在增幅方面都有不同程度的下降，但在整个产业规模中仍占据主导地位，比例为45.7%。

表 12-2　2012—2013 年全球信息安全产业结构

	2012年			2013年		
	产业规模（亿美元）	比例	增长率	产业规模（亿美元）	比例	增长率
硬件	534.95	46.40%	7.31%	576.44	45.70%	7.76%
软件	388.53	33.70%	11.71%	431.38	34.20%	11.03%
服务	229.23	19.90%	10.42%	253.53	20.10%	10.60%
合计	1151.92	100%	9.30%	1261.35	100%	9.50%

数据来源：赛迪智库根据相关资料整理，2014 年 3 月。

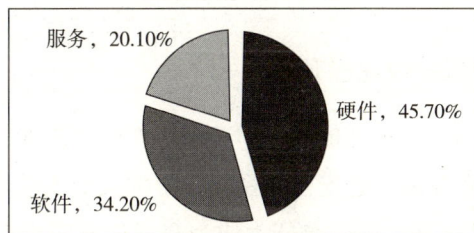

图12-2　2013年全球信息安全产业结构

数据来源：赛迪智库根据相关资料整理，2014 年 3 月。

（三）区域分布不协调现象得到改观

从区域分布来看，欧美等发达国家信息安全产业增长已经趋于稳定，而拉美、亚太等新兴经济体信息安全产业呈现快速增长的趋势。从 2013 年的统计数据来看，全球信息安全产业规模为 1261.35 亿美元，北美信息安全产业规模为 505.8 亿美元，约占 40.1% 的份额，复合年增长率约为 8.6%，欧洲信息安全产业规模为 369.58 亿美元，约占 29.3% 的份额，复合年增长率约为 9.2%，而亚太地区信息安全产业规模为 281.28 亿美元，约占 22.3% 的份额，复合年增长率约为 10.4%，拉美、中东、北非等其他地区当前信息安全产业规模为 104.69 亿美元，总体约占 8.3% 的份额，复合年增长率分别约为 14.8%，由此可见，新兴经济体在世界信息安全产业中已经占据了一席之地。

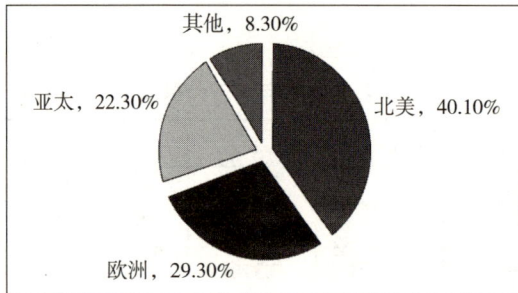

图12-3 2013年全球信息安全区域分布

数据来源：赛迪智库根据相关资料整理，2014 年 3 月。

二、市场格局

（一）市场规模保持快速提升

信息安全已经成为全球关注的焦点，有组织的网络犯罪与日俱增，各国政府都在加强网络监管，企业在信息安全体系建设上的投资不断增加，加强数据安全和隐私保护并提升 IT 基础设施防御能力成为全球信息安全产品市场发展的主要推动力。2013 年，世界信息安全产品市场规模达到 672 亿美元，比去年同期增长 8.7%。

表 12-3 2011—2013 年世界信息安全产品市场规模及增长率

	2011年	2012年	2013年
产业规模（亿美元）	573	618	672
增长率	/	7.9%	8.7%

数据来源：赛迪智库根据相关资料整理，2014 年 3 月。

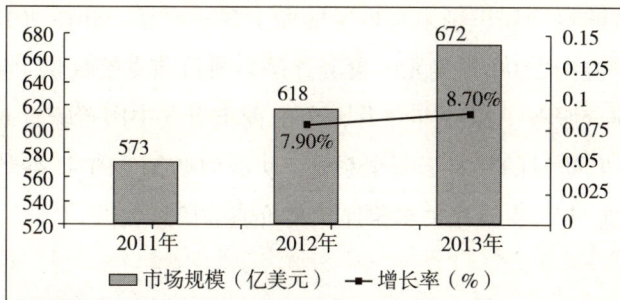

图12-4　2011—2013年世界信息安全产品市场规模及增长率

数据来源：赛迪智库根据相关资料整理，2014 年 3 月。

（二）产品结构呈多样化趋势

随着信息安全需求的不断增加，信息安全产品也呈现多样化趋势。从信息安全产品方面看，主要可以分为身份和访问控制管理、网络安全、终端安全、内容安全、Web 安全和脆弱性管理等六个方面，身份和访问控制管理主要包括身份认证、网络单点登录等；网络安全则包括通常的防火墙、统一威胁管理（UTM）等；终端安全主要指反恶意软件产品、服务器安全等；内容安全主要指反垃圾邮件、内容过滤等；Web 安全包括 URL 过滤、Web 应用防火墙等；脆弱性管理包括主动风险管理、脆弱性管理、取证和事件调查等。从信息安全服务方面看，主要包括咨询、培训、实施等，欧美一些国防承包商逐步向政府提供广泛的信息安全服务。此外，还逐步出现一些新的产品和服务类型，如融合多种信息安全功能的下一代防火墙产品，以及网络攻击来源调查服务等。多样化的产品结构代表了信息安全需求的变化，也给信息安全产业注入了新的活力。

（三）新型安全企业崭露头角

随着信息安全需求的不断增多，各种新型信息安全企业开始在市场上崭露头角。一是网络空间中出现的"私家侦探"。在国际上提供类似服务的企业包括 Mandiant 公司、Crowd Strike 公司、Kroll Advisory Solutions 公司和 Stroz Friedberg 公司等，其业务主要包括为企业检测信息安全防护漏洞、建立信息安全防御系统等信息安全服务，还包括提供监控数据交换以识别黑客攻击或相关可疑行为的服务等。二是预防和应对 APT 攻击的企业。Cylance 公司是这类企业的代表，该企业正在开发能够预测和识别未来攻击的安全算法产品，并在 2013 年 2 月份获得多家风险投资机构 1500 万美元的投资，该公司目前主要提供工业控制系统等关键基础设施安全服务。2013 年 3 月，金山宣布成立中国首家针对 APT 攻击的信息安全公司，其研发的私有云安全系统，可实时防御 APT 日益严重的定向化、复杂化、持续化攻击，支持相关单位保护高价值的信息数据。

三、发展热点

（一）移动安全市场发展迅猛

随着移动互联网的快速发展，移动安全市场发展迅猛，现在已经发展成为信息安全产业的重要组成部分。移动互联网当前发展十分迅猛，据中国互联网络信息中心（CNNIC）统计数据显示，截至 2013 年 6 月底，我国手机网民规模达 4.64 亿，网民中使用手机上网的人群占比提升至 78.5%。移动互联网定位于开放的信息承载网络，向所有用户提供 IP 电话、电子邮件、Web 业务、FTP 业务、电子商务、WAP 业务、基于位置信息的业务等具有移动特色的因特网服务，这些业务不仅关系到用户的隐私信息，而且涉及大量资金，其安全需求日益受到关注。移动安全涉及终端安全、网络安全、系统安全、基础设施安全等多个层面，包含外部威胁、内部管控和第三方管理等多方位的安全需求。移动安全受到信息安全厂商广泛关注，移动终端安全产品大量上市，企业移动安全成为发展重点。

企业移动受到各方关注，特别是针对自带设备办公（BYOD）的安全解决方案。BYOD 是对整个安全领域有着深远影响的一大趋势，安全领域如何应对 BYOD 的变化，给技术服务提供商带来了很多机会。首先，随着从设备安全转向应用／数据安全，安全技术服务提供商将有机会得到端点保护预算。其次，因为一些 BYOD 项目都集中在一到两个应用能带来多少生产力的提高，所以除了传统信息技术中心之外，采购中心也增加了安全性。最后，了解设备类型和用户计算方式，要比了解用户是谁更加重要。

（二）大数据安全受到广泛关注

大数据技术方兴未艾，已经对信息安全产生了巨大的影响，其影响包括攻防两端。一是大数据技术改变了传统数据保护的边界，大数据技术使得人们可能从巨量冗余数据中获取有用信息，这使得传统针对性数据保护技术在一定情况下丧失了作用，给信息安全带来了新的挑战。二是大数据技术给信息安全防护带来福音，各类新型网络攻击技术和手段的出现，使得当前大量信息安全防护产品和工具失去了效力，特别是面对 APT 攻击等，而大数据技术可以通过分析大量网络数据获得 APT 攻击等潜伏时间较长攻击形式的踪迹。Gartner 研究总监 Eric Ahlm 表示："为了支持对安全分析的持续需求，信息安全人员、技术、集成方式和流程都需要进行变革，包括安全数据仓库和数据分析能力，以及在前沿企业信息安全机构内出现的数据安全分析师这样一种新兴的角色"。

（三）APT攻击安全防护成市场热点

APT 即"高级可持续攻击"（Advanced Persistent Threat），是指针对明确目标的持续的、复杂的网络攻击。APT 攻击一般锁定特定的组织，通过各种方法渗透进入，而且在窃取资料之前，长期潜伏。APT 攻击无法通过单一的安全产品和安全技术进行有效的检测、防护，企业和机构只有建立以安全技术与安全管理相结合的纵深防护体系，才能抵御 APT 攻击。当前各大信息安全企业均展开了针对 APT 攻击的研究，如目前推出的下一代防火墙（NGFW）往往具有高级威胁防护功能（ATP），以 Fortinet 公司的 FortiGate 安全平台为例，其 ATP 防护配置，采行多管齐下的方式，协助防护可能藉由零日攻击、未发现的恶意软件、网络钓鱼电邮或密码破解而潜入的威胁攻击。启明星辰则推出 M2S 2.0 持续威胁监测服务，将安全产品和安全服务有机结合，将传统的入侵检测、蜜罐系统、异常流量检测等与敏感流量检测、恶意代码检测以及其它新兴的安全产品和检测技术进行整合，实现对 APT 攻击的监测、识别、告警。

第十三章　2013年世界信息安全产业发展特征

一、政企合作深化，政府主导行业发展

随着信息安全重要程度的大幅提升，政府与信息安全企业合作日益广泛，在信息安全领域的投入也逐步加大，逐步成为信息安全行业的主导力量。一方面，政府机构与相关企业在信息安全方面的合作不断增加，如2013年10月，澳大利亚国防科学和技术组织（DSTO）和BAE系统公司澳大利亚分部已达成新的战略联盟，以加强在国防技术领域的合作，这将推动这两个机构在战略领域，如潜艇、赛博安全、地面车辆、空间、电子战和无源雷达、高超声速和自主系统方面的共同合作。另一方面，政府机构在信息安全领域投入巨大，成为信息安全市场的重要部分，如2013年9月，美国通用动力信息技术部与美国总务管理局（GSA）签订了由后者制定的一揽子采购协议，该协议将为通用动力公司带来60亿美元的潜在价值，通用动力公司将为美国国土安全部、联邦、州和地方政府提供持续监控工具，持续监控可以加强政府赛博安全、评估和打击实时赛博威胁，该公司还为美国国土安全部推出了持续监控（CDM）项目计划。

二、企业并购不减，行业融合已成大势

随着信息安全的重要性日益凸显，越来越多的IT公司意识到安全的重要性，都纷纷试图通过各种方式提升在信息安全领域的能力，其中兼并收购成为最有效的方式。一方面，大型IT企业纷纷通过并购介入信息安全领域。2013年7月，

继对安全软件厂商 Virtuata 和 Cognitive Security 的兼并后，思科宣布以 27 亿美元收购网络安全公司 Sourcefire，经过这几笔收购，思科基本打造形成自己的信息安全部门。2013 年 10 月，继 McAfee 和 Stonesoft 两大重磅收购之后，英特尔斥资 2000 万美元收购了 Sensory Networks，整体在信息安全企业并购投入已超过 80 亿美元，表明了其进军信息安全产业的决心。此外，惠普、微软、IBM 等企业也逐步通过并购涉足信息安全领域。另一方面，信息安全企业也不断通过并购壮大自身的实力。2010 年 5 月，赛门铁克收购了 Verisign 的认证业务。2010 年 8 月，CA 公司收购 Arcot 以获取基于云的身份认证和访问控制（IAM）技术。这些频频发生的信息安全领域的并购活动无疑很大程度上为全球信息安全产业的持续发展增添了活力。

表 12-4　2010—2013 年信息安全领域主要并购一览

时间	收购方	目标公司	涉及金额
2013年10月	Intel	Sensory Networks	2000万美元
2013年8月	IBM	互联网安全公司Trusteer	8—10亿美元
2013年7月	思科	安全软件厂商Sourcefire	27亿美元
2013年5月	McAfee（Intel）	芬兰网络安全厂商Stonesoft	3.89亿美元
2013年1月	思科	捷克安全公司Cognitive Security	
2012年9月	谷歌	VirusTotal	
2012年7月	思科	安全软件商Virtuata	
2011年10月	IBM	Algorithmics（风险管理软件公司）	3.8亿美元
2011年10月	IBM	Q1 Labs（安全智能软件公司）	
2011年8月	IBM	i2（数据情报分析软件公司）	
2011年3月	谷歌	安全分析软件厂商Zynamics	
2010年9月	惠普	ArcSight（安全软件公司）	15亿美元
2010年8月	Intel	McAfee（数据安全公司）	76.8亿美元
2010年8月	CA公司	Arcot系统公司	2亿美元
2010年7月	波音公司	Narus（侦测恶意网络数据流动）	
2010年5月	赛门铁克	VeriSign认证业务	12.8亿美元

数据来源：赛迪智库，2014 年 3 月。

三、功能整合明显，体系建设成为趋势

随着技术的发展，信息安全已经成为一个统合性的问题，依靠单个或多个产品之间简单累加已无法满足信息安全保障要求，信息安全技术产品逐步朝着构建一个完整、联动、快速响应的防护系统方向发展，采用系统化的思想和方法构建信息系统安全保障体系成为一种趋势。随着信息安全意识的加强，用户的信息安全需求已逐渐转向能够面向行业解决个性化需求的信息安全整体解决方案，越来越多的客户从体系化的角度考虑安全需求和安全建设，强调建立"信息安全保障体系"、"监控体系"、"应急体系"、"业务安全体系"等，特别是面对国家信息安全需求时，体系化则更加重要。信息安全企业也逐步认识到这一点，逐步推出具有集成化功能的产品，如 UTM、下一代防火墙等，UTM 设备具备的基本功能包括网络防火墙、网络入侵检测 / 防御和网关防病毒功能，而下一代防火墙则具有基于用户防护、面向应用安全、高效转发平台、多层级冗余架构、全方位可视化、安全技术融合等六大物质，当前的下一代防火墙产品还具备防 APT 攻击的功能。同时，一些具备较强经济和技术实力的企业，如通用动力、雷神等企业，集成信息化技术、信息安全技术和军事国防技术等，为政府、部队打造国家信息安全防御体系。

第十四章 2014世界信息安全产业发展趋势

一、产业规模将保持稳定增长

虽然世界经济仍处于低迷状态，但随着世界各国对信息安全重视程度的日益加强，信息安全产业将保持当前稳定增长的态势。随着全球信息技术水平的不断提高以及各行各业对信息安全要求的不断提高，需求不断增大，预计全球信息安全产业规模在未来三年仍将维持较为快速的增长态势。2013—2015年世界信息安全产业规模将维持在10%左右的增速，预计到2015年世界信息安全产业规模将达到1529.01亿美元。

表14-1　2013—2015年全球信息安全产业规模及增长率

年度	2013年	2014年	2015年
产业规模（亿美元）	1261.35	1386.22	1529.01
增长率	9.5%	9.9%	10.3%

数据来源：赛迪智库根据相关资料整理，2014年3月。

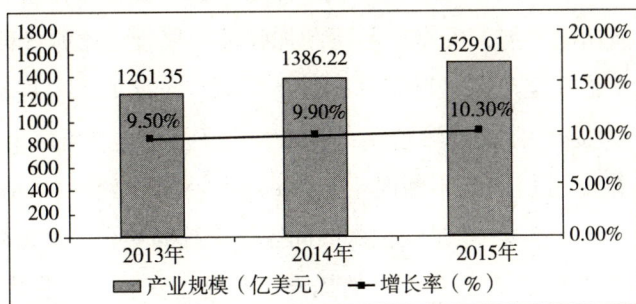

图14-1　2013—2015年全球信息安全产业规模及增长率

数据来源：赛迪智库根据相关资料整理，2014年3月。

二、区域差异将进一步缩小

在未来几年中，世界信息安全产业地区差距将进一步缩小。预计从2013年到2015年，北美复合年增长率约为8.9%，2015年所占份额预计将达到38.6%，欧洲复合年增长率约为9.4%，2015年所占份额预计将达到27.9%，而亚太地区复合年增长率约为10.5%，2015年所占份额将达到24.3%，拉美、中东及北非等地区复合年增长率将达到15%，2015年所占份额将达到9.2%。

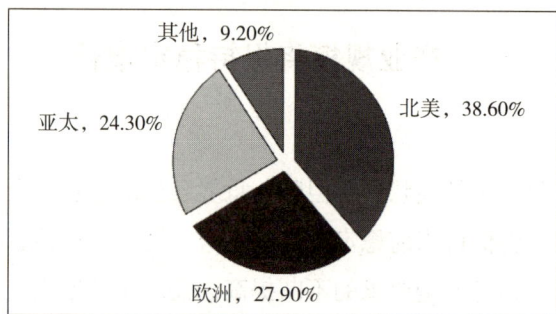

图14-2　2015年全球信息安全区域分布

数据来源：赛迪智库根据相关资料整理，2014年3月。

三、产业融合发展趋势明显

信息安全产业融合的趋势十分明显。这种融合的趋势主要体现在以下几个方面：一是安全产品之间的融合在加剧。随着产品性能的不断提高，各种安全产品也不断加强功能扩展，安全产品不断加强功能聚合，比如各种 Anti — X 产品不断涌现。二是安全产品与网络基础设备的融合，比如思科提出的自防御网络（SDN）、华为提出的安全渗透网络（SPN）以及符合 TNC（Trusted Network Connection）标准的可信终端不断诞生（Cisco 的 NAC、微软的 NAP 以及华为的 EAD 与之是同一类标准）。三是安全产品同操作系统的融合，如微软收购一系列安全公司来支撑其 Vista 在安全性上的提升，并通过安装安全芯片提升 Win8 的安全性。四是安全产品同存储的结合，比如赛门铁克同维尔（VERITAS）软件的合并、EMC 并购 RSA 公司。五是将安全作为企业应用的一部分，融入到整个 IT

应用、IT 管理的方方面面，这一融合趋势可以从 IBM、HP 以及 CA 公司的一系列收购中看出。

四、产业将进入活跃发展期

新型信息安全企业不断涌现，新技术新产品不断面世，信息安全产业将进入快速发展的活跃期。一是各类新型信息安全企业不断涌现，如随着移动互联网的快速发展，以 Mocana 公司为代表的移动安全企业得到快速发展，随着 APT 攻击影响日益加大，以 Cylance 公司为代表的 APT 防护企业大量出现，未来几年中，信息安全需求面临变革，信息安全行业将进入震荡期，也是快速发展时期。二是各类新技术产品大量产生，2004 年 IDC 首度提出"统一威胁管理"的概念，UTM 产品随即得到快速发展，2009 年 Gartner 给出"下一代防火墙"新的定义，2012 年下一代防火墙已经成为业界的热点声音，2013 年下一代防火墙产品已经广泛推出。信息安全需求变革，促使信息安全企业和技术产品面临革新，信息安全产业将进入快速发展期。

五、政府投入将成拉动产业发展的主要动力

随着信息安全威胁的日益加剧，世界各国在网络空间的投入不断增加，政府信息安全投入逐步成为拉动信息安全产业发展的重要力量。一方面，随着全球信息化快速发展，各国电子政府建设力度加大，面临的信息安全的威胁也越来越严重，信息系统自身的信息安全问题日益凸显，许多国家已经开始逐步投入大量的人力、物力和财力开展相关工作，构建可信网络，建设有效的信息安全保障体系，并取得了不小的成效。另一方面，世界各国不断强化在网络空间的力量部署，如美欧等国不断加强网络部队建设和网络武器研发，美国在依托互联网打造的全球监控系统中投入大量资金。据市场研究公司 ASDReports 最新研究称，2013—2023 年间美国网络空间安全开支将达 940 亿美元，其次是欧洲 250 亿美元，亚太 230 亿美元，中东 228 亿美元，拉美 16 亿美元，其根源来自于政府网络空间安全开支的大幅增加。据国外媒体披露，2013 年美国各情报部门预算高达 526

亿美元，其中网络行动预算高达 43 亿美元，保守估计，美国未来十年在网络空间的投入约达 940 亿美元。

区域篇

第十五章　中国

一、组织架构

（一）组织管理体系逐步建立

在组织管理体系方面，我国已初步形成国家网络与信息安全协调小组统筹协调下多个部门参与管理的信息安全组织管理模式。国家网络与信息安全协调小组是我国信息安全工作的最高领导机构，其主要职责是贯彻落实信息安全方针政策，研究网络与信息安全重大问题并提出对策措施，健全完善部门间协同配合机制，协调处理网络与信息安全重大事件。我国参与信息安全管理的机构主要包括国家

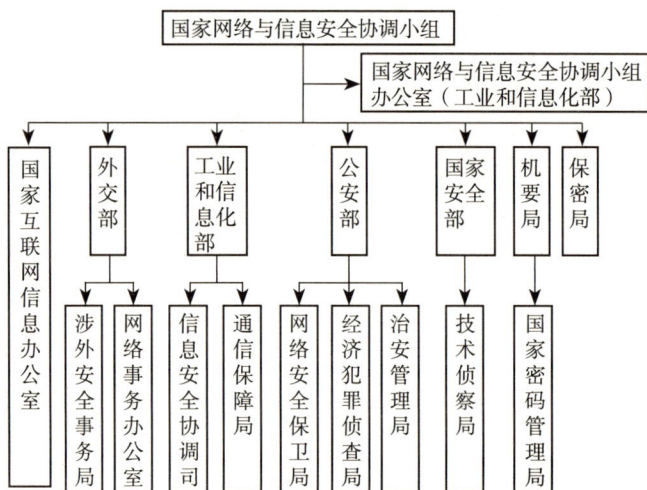

图15-1　我国信息安全管理组织架构图

数据来源：赛迪智库，2014 年 3 月。

互联网信息办公室（外宣办）、外交部、工业和信息化部、公安部、国家安全部、机要局和保密局等，具体组织架构图如图 15-1 所示。

（二）机构职能分工明确

我国信息安全管理的具体工作主要由工业和信息化部、公安部、国家安全部、机要局、保密局等部门及下属机构完成，各机构工作职责各有侧重，涵盖通信网络安全管理、互联网内容管理、公共信息网络安全监察等内容，各部门的具体职责如表 15-1 所示。

表 15-1　我国信息安全管理部门一览表

政府部门	下属机构	信息安全管理职责
国家互联网信息办公室		落实互联网信息传播方针政策和推动互联网信息传播法制建设，指导、协调、督促有关部门加强互联网信息内容管理，依法查处违法违规网站等。
中央外宣办	九局	承担网络文化建设和管理的有关指导、协调和督促等工作。
外交部	涉外安全事务司	研究涉及国家安全问题的涉外事宜，提出政策建议；协调和处理相关工作；指导驻外外交机构有关业务；协调境外非政府组织在华活动管理工作。
	网络事务办公室	负责协调开展有关网络事务的外交活动。
工业和信息化部	信息安全协调司	协调国家信息安全保障体系建设；协调推进信息安全等级保护等基础性工作；指导监督政府部门、重点行业的重要信息系统与基础信息网络的安全保障工作；承担信息安全应急协调工作，协调处理重大事件。
	通信保障局	组织研究国家通信网络及相关信息安全问题并提出政策措施；协调管理电信网、互联网网络信息安全平台；组织开展网络环境和信息治理，配合处理网上有害信息；拟订电信网络安全防护政策并组织实施；负责网络安全应急管理和处置；负责特殊通信管理，拟订通信管制和网络管制政策措施；管理党政专用通信工作。
公安部	网络安全保卫局	监督管理公共信息网络的安全监察工作。
	公安部经济犯罪侦查局	检查、指导、督促侦查破案工作；组织跨省的重、特大经济犯罪案件的并案侦查和其它重大的经济犯罪侦查活动。
	治安管理局	指导、监督地方公安机关依法查处破坏社会治安秩序的行为。

（续表）

政府部门	下属机构	信息安全管理职责
国家安全部	第十四局 – 技术侦察局	主管邮件检查与电信侦控。
机要局	国家密码管理局	绝对领导，归口管理我国的加密算法、普密和绝密产品、全国的商用密码管理工作。
保密局		负责政府保密工作，查处泄密、涉密案件，保密文件、内部电脑保密及文档销毁等方面的管理。

数据来源：赛迪智库，2014 年 3 月。

（三）组织协调能力稍嫌不足

我国信息安全组织管理方面存在统筹协调不够、部门职责不清等问题。一是国家网络与信息安全协调小组作为统筹协调跨部门信息安全保障工作的机构，其作用和职能发挥不足，信息安全领域统一协调难度大，集中优势难以发挥，直接影响了我国信息安全工作的开展。二是我国信息安全领域存在多头管理现象，公安部、保密局、机要局、工业和信息化部等职能部门之间职责界定存在交叉，从而导致决策权分散，也造成各个相关管理机构之间缺乏充分的沟通和协调，部门间作用发挥不均衡。

二、法律法规

（一）信息安全法制体系初步建立

在信息安全法制体系方面，经过二十多年的发展，我国已经制定了三十余部与信息安全相关的法律规范，初步建立涵盖国家安全和国家秘密、计算信息系统保护、电信及互联网安全、密码管理及应用、个人信息保护、打击网络犯罪等领域信息安全的法律体系。我国信息安全立法主要包括：《保守国家秘密法》、《全国人民代表大会关于维护互联网安全的决定》、《计算机信息系统安全保护条例》、《电信条例》、《互联网信息服务管理办法》、《全国人民代表大会常务委员会关于加强网络信息保护的决定》、《商用密码管理条例》、《电子签名法》、《刑法》等。表 15-2 列出了我国现行信息安全相关法律规范。

表 15-2　我国现行信息安全法律规范一览表

类别	具体法规
国家安全和国家秘密	1993年国家安全法
	2010年修订保守国家秘密法
	2001年涉及国家秘密的计算机信息系统集成资质管理办法（试行）
计算机信息系统保护	1994年计算机信息系统安全保护条例
	1997年计算机信息网络国际联网管理暂行规定
	1997年计算机信息网络国际联网管理暂行规定实施办法
	1997年计算机信息系统安全专用产品检测和销售许可证管理办法
	1997年计算机信息网络国际联网安全保护管理办法
	2000年计算机病毒防治管理办法
	2007年信息安全等级保护管理办法
电信及互联网安全	2000年电信条例
	2000年互联网信息服务管理办法
	2000年关于维护互联网安全的决定
	2006年互联网安全保护技术措施规定
	2007年关于进一步开展电信网络安全防护工作的实施意见
	2009年木马和僵尸网络监测与处置机制
	2009年互联网网络安全信息通报实施办法
	2010年通信网络安全防护管理办法
密码管理及应用	1999年商用密码管理条例
	2004年电子签名法
	2005年商用密码产品销售管理规定
	2005年商用密码科研管理规定
	2007年商用密码产品使用管理规定
	2007年境外组织和个人在华使用密码产品管理办法
	2009年修订电子认证服务管理办法
	2009年电子认证服务密码管理办法
	2009年电子政务电子认证服务管理办法
个人信息保护	2012年关于加强网络信息保护的决定
打击网络犯罪	1997年刑法，2009年修订
	2005年治安管理处罚法

数据来源：赛迪智库，2014年3月。

　　从表15-2可见，我国在计算机信息系统安全保护、电信及互联网安全、密码管理及应用三个领域，已经形成了涵盖法律、行政法规、部门规章、规范性文件在内的系列立法。但法律和行政法规仅有10部，约占总量的三分之一，较多法律制度以部门规章甚至更低层级的规范性文件等形式存在。

（二）重点法律评析

1.《中华人民共和国计算机信息系统安全保护条例》

《中华人民共和国计算机信息系统安全保护条例》说明了计算机信息系统及其安全保护的范畴，明确了计算机信息系统安全保护的主管部门，并解决了相关的制度、法律责任等问题。一是规定了包括等级保护、安全专用产品销售许可证制度等九项安全保护制度。二是规定了公安机关的安全监督权。三是规定了破坏计算机信息系统安全应负的法律责任及应受的处罚。

2.《电子签名法》

《电子签名法》对电子签名、数据电文等相关概念给出了明确的规定，并赋予可靠电子签名与手写签名或盖章同样的法律效力，是我国首部"真正意义上的信息化法律"。《电子签名法》重点解决了五个方面的问题。一是确立了电子签名的法律效力。二是规范了电子签名的行为。三是明确了电子认证服务机构的法律地位及认证程序，并给电子认证服务机构设置了市场准入条件和行政许可的程序。四是规定了电子签名的安全保障措施。五是明确了电子认证服务机构行政许可的实施主体是国务院信息产业主管部门。

3.《信息安全等级保护管理办法》

《信息安全等级保护管理办法》对信息安全等级保护管理工作给出了具体的规范。一是明确了信息系统安全等级划分，并给出各级别保护工作开展依据。二是明确了等级保护工作具体实施中应遵循的标准规范，以及管理过程中的具体要求。三是明确了涉密信息系统级别划分和管理要求。四是明确了信息安全等级保护密码管理要求。五是对信息安全等级保护工作中的法律责任予以明确。

4.《通信网络安全防护管理办法》

《通信网络安全防护管理办法》对通信网和互联网的网络安全防护工作给出了规定，主要建立以下四方面的制度。一是确立了通信网络单元的分级保护制度，规定通信网络运行单位应当对本单位已正式投入运行的通信网络进行单元划分，并按照各通信网络单元遭到破坏后可能对国家安全、经济运行、社会秩序、公众利益的危害程度等因素，由低到高分别划分为五级。二是建立了符合性评测制度，规定通信网络运行单位应当落实与通信网络单元级别相适应的安全防护措施，并进行符合性评测。三是建立了安全风险评估制度，规定通信网络运行单位应当组织对通信网络单元进行安全风险评估，及时消除重大网络安全隐患。四是建立了通信网络安全防护检查制度，规定电信管理机构对通信网络运行单位开展通信网络安全防护工作的情况进行检查。

5.《关于加强网络信息保护的决定》

《关于加强网络信息保护的决定》规范了网络空间主体的权利和义务，明确了相关主体应当承担的法律责任和义务，可以看作我国第一部个人信息保护法律。一是界定了公民个人电子信息的范围、公民个人电子信息保护的义务主体、网络服务提供者和其他企事业单位在业务活动中收集、使用、保存公民个人电子信息应当遵循的原则，包括严厉禁止买卖和非法交易公民个人信息的行为等。二是提出部分网络服务的实名要求，即在使用微博、博客、BBS等提供信息发布的互联网服务时，用户必须实名注册。三是提出禁止未经接受者同意或请求，向其固定电话、移动电话或个人电子邮箱发送商业性电子信息。四是规定了公民个人可以采取的举报手段以及违反规定的法律后果。

（三）立法工作取得新的进展

2013年以来，我国加快了《互联网信息服务管理办法》、《消费者权益保护法》等相关法律的修订，增加和强化了个人信息保护内容，与全国人大常委会的《全国人民代表大会常务委员会关于加强网络信息保护的决定》相一致并相互补充。同时，工业和信息化部依据《全国人民代表大会常务委员会关于加强网络信息保护的决定》出台了电信和互联网用户个人信息保护、电话用户真实身份信息登记等规定，细化了《全国人民代表大会常务委员会关于加强网络信息保护的决定》中的相关内容，个人信息保护法规政策体系正逐步完善。

三、标准规范

（一）标准体系逐步完善

在信息安全标准化方面，自2002年全国信息安全标准化技术委员会成立以来，信息安全标准化体系不断完善，初步建立了信息安全标准体系框架，形成了覆盖信息安全基础、技术、管理、测评等领域一批支撑国家信息安全保障体系建设的国家标准。截至 2013 年 9 月，我国正式发布的信息安全国家标准共 121 个，其中 2013 年新发布的三个信息安全标准到 2014 年 5 月才正式实施。

（二）重点标准评析

1.《WAPI 安全协议基础架构（TePA-WAPI）》

WAPI 安全协议基础架构（TePA-WAPI，中文名称"虎符"）是我国第一个信息安全国际标准。该标准是一个安全接入认证（鉴别）类技术标准。作为通信技术协议和信息系统中不可或缺的基础性关键技术，安全接入认证（鉴别）技术标准可以有效保障通信网络及信息系统的结构性安全，被欧美等国家视为实施国家网络安全战略的重要技术支撑手段。"虎符"技术也被称三元对等鉴别架构，是一种适用于信息安全领域的实体鉴别方法，采用了在线可信第三方的实体鉴别机制，通过五次传递流程，实现实体间的双向身份鉴别，能够有效阻止不符合安全要求的终端访问网络，也能避免终端接入不符合安全要求的网络。"虎符"技术基于一种非对称机制，能够有效解决通信前密钥交换问题和简化密钥规模管理，这对于大规模网络部署和管理具有重要意义，同时也为有效解决无线安全网络访问控制和安全接入问题提供了理论基础。

2.《信息安全技术 公钥基础设施 电子签名格式规范（GB/T 25064-2010）》

《信息安全技术 公钥基础设施 电子签名格式规范》是用于电子签名与验证的系统标准之一。本标准针对基于公钥密码学生成的数字签名类型的电子签名，定义了电子签名与验证的主要参与方、电子签名的类型、验证和仲裁要求。本标准还规范了电子签名的数据格式，包括基本数据格式，验证数据格式、签名策略格式等。本标准适用于电子签名产品的设计和实现，相关产品的测试、评估和采购亦可参照使用。

3.《信息安全技术 政府部门信息安全管理基本要求（GB/T 29245-2012）》

《信息安全技术 政府部门信息安全管理基本要求》规定了政府部门信息安全管理基本要求，用于指导各级政府部门的信息安全管理工作。本标准中涉及保密工作的，按照保密法规和标准执行；涉及密码工作的，按照国家密码管理规定执行。本标准适用于中央、地方各级政府部门，其他单位可以参考使用。

（三）标准规范取得较大进展

截至 10 月，我国 2013 年已经正式发布国家标准 3 项，分别为数据备份与恢复产品、网站数据恢复产品提供技术要求和测评方法，以及为桥 CA 体系证书提供分级规范标准。此外还有 26 个标准公开征求意见，38 个标准公开立项，这些标准包括《工业控制系统信息安全分级指南》、《工业控制系统安全检查指南》等 5 项工业控制系统信息安全相关标准，《移动智能终端安全体系架构》、《移动智能终端个人信息保护技术要求》等 5 项移动智能终端信息安全相关标准，《政府部门云计算安全指南》，以及《网站可信标识规范》和《网站可信评估指标》等相关标准。

四、技术创新

（一）技术创新机制初步建立

当前我国信息安全技术创新机制初步形成，但仍不够完善。一方面，我国在信息安全技术创新方面已经形成一批专门的研究机构。我国信息安全技术创新主要依靠各信息安全研究机构和高校，信息安全国家重点实验室是我国信息安全领域创建最早的研究机构之一，也是目前国内唯一一家信息安全领域的国家重点实验室。此外，清华大学、北京邮电大学、西安电子科技大学、国防科技大学等高校在信息安全技术研究上也具有较强实力。另一方面，我国在信息安全产学研方面取得一些突破。在北京邮电大学信息安全中心、灾备技术国家工程实验室、网络与信息攻防教育部重点实验室的技术支撑基础上，北京安码科技有限公司在信息安全领域迅速发展，并与北京邮电大学、成都电子科技大学、北京交通大学、山东大学等高校建立了技术科研与人才战略联盟，成为产学研结合的典型代表。

（二）国际技术地位有所提升

近年来，我国信息安全技术地位逐步得到提升。一方面，我国在密码技术方面实现了一定的突破。我国自主设计研发了祖冲之序列密码算法，设计了分级密码 SMS4 算法，在 Hash 函数设计与分析方面取得突破性进展。另一方面，我国在网络安全技术方面实现局部突破。我国已经发展出一批有一定技术实力的信息安全企业，包括启明星辰、天融信、华为、绿盟等，并在防火墙、VPN、入侵检

测系统 / 入侵防御系统（IDS/IPS）等的网络安全技术产品上达到了国际先进水平，相关产品国产化比例已经大幅提升。

（三）技术创新取得一定进展

近年来，我国在信息安全领域投入大量经费，技术创新也取得一定进展。一是基础技术取得一定进展。在安全操作系统方面，我国自主研发了中标麒麟安全操作系统、方德方舟安全操作系统和凝思磐石安全操作系统等；在安全芯片方面，国民技术股份有限公司的 Z32D1024 智能卡芯片通过了国际 EMV 组织的认证，达到了国际公认的高等级水平。二是密码技术取得一定突破。我国自主设计研发了祖冲之序列密码算法，并于 2011 年 9 月 20 日被采纳为新一代宽带无线移动通信系统（LTE）国际标准。我国学者王小云等提出的模差分分析方法，破解了国际通用 Hash 函数 MD5、RIPFMD、SHA-0 和国际 Hash 函数标准算法 SHA-1 等，撼动了 Hash 函数及相关密码应用的理论根基。在公钥密码体系方面，2012 年 3 月，国家密码管理局公布了《SM2 椭圆曲线公钥密码算法》，规定 SM2 椭圆曲线公钥密码算法的数字签名算法、密钥交换协议、公钥加密算法和曲线参数，目前电子认证服务领域都已经启动 SM2 国产密码升级工作。

五、人才培养

（一）人才培养体系初步形成

我国高校信息安全培养体系初步形成。从 2002 年开始，北京工业大学、北京理工大学、武汉大学、北京邮电大学、华中科技大学、解放军信息工程大学、中国科学院软件所、国防科技大学、哈尔滨工业大学等一些知名高校，分别在信息与通信工程、计算机科学与技术、数学等一级学科下，自主设立了信息安全相关二级学科博士点、硕士点，为我国培养了一批信息安全高层次人才。截至2013 年 10 月，教育部共批准全国 83 所高校设置了信息安全类本科专业，信息安全类本科教学初具规模。

（二）信息安全人才仍存较大缺口

截至 2013 年 6 月，我国培养的信息安全专业人才总计约 5 万人，整体数量已经有所上升，但是仍无法满足需求。政府、军队、金融等国家重要部门都需要大量高层次信息安全专门人才，但由于目前我国信息安全学科建设规模小、水平低，远远满足不了社会各界对高层次专门人才的需要。我国信息安全培养体系跟别的学科和行业还有差距，人才培养计划、课程体系和教育体系还不完善，实验条件落后，专业课程内容稍显滞后，专业教师队伍知识结构需不断更新。当前我国尚未形成高校、企业联合培养机制，导致复合型、高层次人才缺乏。国内目前信息安全专业人才缺口高达 50 余万。今后 5 年，社会对信息安全的人才需要量每年约增加 2 万人左右。

（三）人才选拔工作逐步展开

随着信息安全人才需求日益增加，政府、企业和相关机构组织的信息安全竞赛等人才选拔计划不断展开。全国大学生信息安全竞赛创建于 2008 年，该赛事由教育部信息安全教学指导委员会主办，是信息安全学科领域全国最高级别学科竞赛，旨在为培养、选拔、推荐优秀信息安全专业人才创造条件，促进高校信息安全学科课程体系、教学内容和方法改革，提高学生信息安全意识，普及信息安全知识，培养学生科技创新能力与团队合作精神，第六届全国大学生信息安全竞赛（以下简称竞赛）于 2013 年 3 月 4 日至 2013 年 7 月 29 日举行，全国大学生广泛参与。全国大学生电子设计竞赛始于 1994 年，由教育部高等教育司、工业和信息化部人事教育司主办，由全国大学生电子设计竞赛组委会承办，每两年举办一次，其中包括信息安全技术专题邀请赛，2013 年 9 月 4 日，第 11 届大赛正式开赛，来自全国的 1044 所院校、11838 支队伍、35514 名学生报名参加。2013 年 11 月，江苏省经济和信息化委员会、教育厅、人力资源和社会保障厅联合举办 "天翼杯" 江苏省第二届信息安全技能竞赛。

六、经费支持

（一）经费支持渠道相对较少

十年来，我国为推进信息安全保障能力建设，加大了在信息安全技术研发和人才队伍建设方面的经费投入，增强了对研究项目的资金支持，但总体来看，主要靠政府投入，经费支持渠道较少。我国信息安全经费投入主要来源包括发展和改革委员会的"信息安全专项"、科技部的"国家科技支撑计划"、工业和信息化部的"电子信息产业发展基金项目"以及国家自然科学基金委员会的基金项目等。国家发展和改革委员会高技术产业司，负责审核高技术产业的重大建设项目并协调其布局，审核和组织实施重大产业化示范工程、电子政务、信息安全、科技基础设施、工程研究中心、工程实验室、关键产业技术开发等重大项目，参与科技重大专项的组织协调和实施。

（二）经费支持力度不断加大

随着国家对信息安全重视程度的提升，信息安全经费投入也不断加大。国家发展与改革委员会的"信息安全专项"于 2004 年启动，截至 2012 年年底，"信息安全专项"共计投资 30 亿元，带动信息安全产业投资 130 亿元，涵盖产品、服务、应用及标准等领域，为我国信息安全保障体系建设提供了有力支持。科技部的"国家科技支撑计划"启动于十一五期间，从信息内容安全、网络与系统安全、数据安全及新技术新应用安全 4 各方面，提出 13 个重点方向，25 项具体研究任务，支持范围较全面。工业和信息化部的"电子新兴产业发展基金项目"设立于 1986 年，2007 年以来在重点领域与信息技术应用专项下设立了专门的信息安全产业专项，支持信息安全产业相关设备与产品的研发与产业化发展。国家自然科学基金委员会自 1986 年成立起，就开始关注网络安全方面的项目，2012 年，国家自然科学基会委员会信息科学部二处在网络安全方面支持的项目有：面上项目 60 项，资助金额 5010.96 万元；青年基金 60 项，资助金额 1681.23 万元；地区基金 10 项，资助金额 552 万元；重点项目 1 项，资助金额 275 万元。

（三）经费支持重点计划稳步展开

为了进一步保障国家信息安全，我国逐步扩大信息安全经费支持范围，并加大对关键领域信息安全能力建设的支持力度。2013 年 8 月 12 日，国家发展改革委发布《关于组织实施 2013 年国家信息安全专项有关事项的通知》。为了贯彻落实《国务院关于大力推进信息化发展和切实保障信息安全的若干意见》（国发〔2012〕23 号）的工作部署，针对金融、云计算与大数据、信息系统保密管理、工业控制等领域面临的信息安全实际需要，国家发展改革委决定继续组织国家信息安全专项。

第十六章　美国

一、组织架构

（一）组织架构体系较为完备

"911"事件后，美国从"发展优先"转而注重"安全优先"，将"制网权"作为新的战略制高点，陆续建立了较为完备的组织架构体系。如图 16-1 所示，美国国家网络安全办公室总体负责网络安全事务，国土安全部、国防部、商务部、审计署等承担相应职责。具体来说，国防部负责与军事和情报等相关的信息安全工作，国土安全部负责网络与关键基础设施相关的信息安全工作，商务部负责信息安全标准制定等工作。

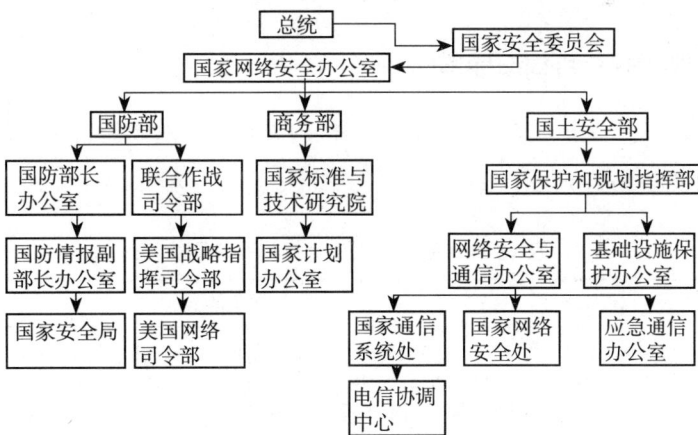

图16-1　美国信息安全组织架构体系

数据来源：赛迪智库，2014 年 3 月。

尤其需要指出的是，美国近年来加大对关键基础设施的信息安全保护力度。美国保障关键基础设施安全的职责属于国土安全部，国土安全部为此建立了一套较为完善的机构体系，主要包括：国家保护和规划指挥部（National Protection and Programs Directorate）、基础设施保护办公室（Office of Infrastructure Protection）、国家基础设施保护中心（National Infrastructure Protection Center）、国家基础设施协调中心（National Infrastructure Coordinating Center）和工业控制系统网络应急响应组（ICS-CERT）等。美国国土安全部保障关键基础设施组织架构体系如图16-2所示。

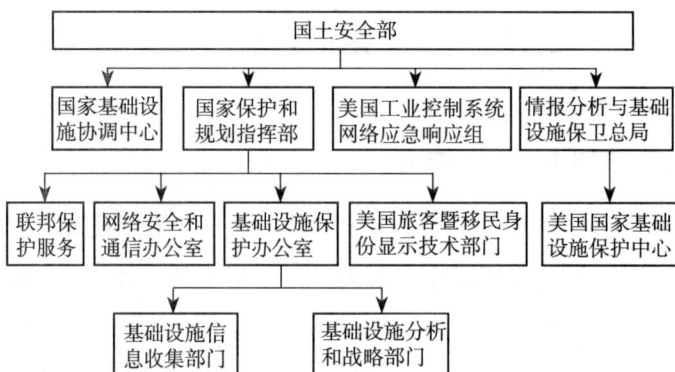

图16-2 美国国土安全部保障关键基础设施安全机构

数据来源：赛迪智库，2014年3月。

（二）信息安全机构职能清晰

在美国的信息安全架构体系中，不同机构具有不同的职能，主要信息安全机构及其职能如表16-1所示。

表16-1 美国信息安全机构及其职能

机构名称	主要职能
国家网络安全办公室	成立于2009年5月29日，主要职责是协调美国政府网络安全相关工作。网络安全办公室负责人协调国家安全委员和国家经济委员来制定出美国的网络安全政策，并向国家安全委员会和国家经济委员会汇报工作。
国家安全局（NSA）	NSA是美国保密等级最高、经费开支最大、雇员总数最多的超级情报机构，也是美国所有情报部门的中枢。在美国政府每天收到的秘密情报中，近90%由NSA提供。

（续表）

机构名称	主要职能
美国网络司令部	成立于2010年5月21日，隶属于美国战略司令部，负责网络防御作战、打击敌对国家和黑客的网络攻击等，意在对美军在网络领域进行统一管理。
国家标准与技术研究院（NIST）	直属于美国商务部，是美国信息安全标准制定的直接负责部门。
计算机安全应急响应组（CERT）	成立于1988年，隶属于国土安全部，其主要职责包括：检查入侵来源、进行入侵取证、恢复系统正常工作、分析事故原因等、发布安全警报、安全公告、安全建议、进行风险评估、举办安全教育培训、协助其他组织建立网络应急与救援队伍等。
国家保护和规划指挥部（NPPD）	隶属于国土安全部（DHS），由负责国家保护和规划的国土安全部副部长领导。NPPD全面领导美国全国力量来保护国家物理和网络基础设施，并增强他们的恢复能力，NPPD旨在保障基础设施安全、可靠、可恢复，确保美国国家繁荣。
网络安全和通信办公室（CS&C）	成立于2006年，是国家保护和规划指挥部的分支部门，负责增强国家网络和通信基础设施的安全性、可靠性和可恢复性。
基础设施保护办公室（IP）	IP办公室是国家保护和规划指挥部的分支部门，全面领导和协调美国关键基础设施事务的国家计划和策略，并已经建立了与政府各部门和私营行业合作的机制。IP办公室为关键基础设施所有者和经营者的脆弱性和后果风险评估提供便利，以便相关各方提高意识和应对风险。IP办公室提供即将出现危险和危害的信息，以便各方采取恰当的行动。
基础设施信息收集部门（IICD）	IICD是IP办公室的下属部门，负责领导国土安全部的力量来收集和管理涉及关键基础设施的重要信息。关键基础设施的准确数据对于制定和执行关键基础设施保护计划至关重要，IICD帮助确保国土安全部合作伙伴能够获得所需的基础设施数据，手段包括鉴别信息来源，开发使用和分析数据的应用等。IICD为联邦、州、和地方政府提供用于收集、管理和可视化基础设施数据的工具，为国家准备、响应和恢复等工作提供支撑。
基础设施分析和战略部门（IASD）	IACD是IP办公室的下属部门，是国家领导公共行业组织进行基础设施建模、仿真和分析的部门。IASD为国土安全部决策者、国家和地方政府、基础设施所有者和运营者以及其他利益相关方提供了一套全面的分析系统和工具。同时，IASD是国土基础设施威胁和风险分析中心（HITRAC）的组成部分。
国家基础设施协调中心（NICC）	NICC是美国保护关键基础设施国家网络的信息和协调中心，NICC每周7天、每天24小时运转，实时监控关键基础设施的风险，分享威胁信息，以降低风险、防范破坏、快速恢复。NICC的功能包括：收集、维护、共享关键基础设施面临的威胁信息；在关键基础设施合作者网络中整合和共享信息；评估关键基础设施数据的准确性、重要性和潜在风险；为关键基础设施合作伙伴和国土安全部领导层提供制定决策的建议；为事故或事件发生前后的24—72小时内采取的行动提供决策依据。

（续表）

机构名称	主要职能
美国国家基础设施保护中心（NIPC）	NIPC根据1998年的美国第63号总统令（PPD-63）《关键基础设施保护》设立，是负责保护美国关键基础设施网络和系统免受攻击，收集关键基础设施威胁信息的国家机构。NIPC在全国各地设立现场办事处，负责与各地相关部门机构开展合作，收集、共享关键基础设施信息，为促进和协调联邦政府响应事件、消减攻击、调查威胁和监测重建提供方法。NIPC成立之初是作为FBI的一个分支机构，后改为隶属国土安全部的情报分析与基础设施保卫总局（IAIP）。
美国工业控制系统网络应急响应组（ICS-CERT）	ICS-CERT是美国网络应急响应组（US-CERT）的分支机构，隶属于美国国土安全部。ICS-CERT致力于降低美国所有关键基础设施行业的风险，合作伙伴包括执法部门、情报机构以及关键基础设施的所有者、运营者和承包商。此外，ICS-CERT与海域国际和私营行业的应急响应组合作，共享与控制系统相关的安全事件和消减措施。目前，ICS-CERT成为关键基础设施所有设备漏洞披露和信息共享的重要渠道。

数据来源：赛迪智库，2014年3月。

（三）情报机构体系庞大

美国情报体系自"911事件"以来一直在大幅扩张。该情报体系非常庞大，雇用超过10.7万人，运营总预算达到526亿美元。《华盛顿邮报》的调查显示，共有1271家政府组织和1931家私有公司在美国从事情报、反情报或者国家安全工作。美国的情报及其职能如表16-2所示。

表16-2　美国情报机构及其职能

机构名称	主要职能
中央情报局（CIA）	在《1947年国家安全法》通过后成立，该机构的前身是战略情报局（OSS）。CIA负责通过信号和人力情报来源收集、分析和传布外国方面的情报。
国家安全局（NSA）	成立于1952年，主要在于信号情报（SIGINT）——拦截和处理外国通信、密码术——破解密码和信息安全。
国防情报局（DIA）	成立于1961年，旨在共享大型军事情报组织（如陆军或者海军陆战队情报）收集的信息。DIA是军事组织和国家情报机构之间的纽带，负责协调外国军事情报的分析和收集工作以及监视和侦察行动。
国务院情报研究局（INR）	目前直接向国务院汇报工作，负责利用来自各个来源的情报，提供全球事件的独立分析和实时洞见。该机构是国务院情报事务的主要顾问，为其他政府决策人员、大使和大使馆全体人员提供支持。

（续表）

机构名称	主要职能
空军情报监视侦察局（ISR）	成立于1948年，负责收集和分析外国以及战斗区域内外的敌对势力方面的情报。他们还进行电子监视和照相监视，为陆军提供天气和地图数据。
国家地理空间情报局（NGA）	隶属于1972年成立的国防部制图局，前称为国家图像测绘局（NIMA）。它于2003年更名为国家地理空间情报局（NGA）。它的任务是收集和分析陆地的物理和人为特性。NGA当初就是利用高级影像（主要来自卫星）监视本·拉登在巴基斯坦的房屋。
国家安全分部（NSB）	联邦调查局（FBI）下属机构，成立于2005年，从事反情报与反恐怖活动。NSB负责集合来自多个来源的国家安全和民事威胁情报，以保护美国的利益。
军事智能与安全司令部（INSCOM）	成立于1977年，成为军事情报主要的统一指挥部，主要为陆军指挥官们提供他们在战场上需要的情报：拦截获得的敌军无线通讯信息、地图、地面影像和部队结构和规模方面的信息。
能源部情报与反情报局	专注于核武器与防止核武器扩散、核能（尤其是外国）以及能源安全方面的技术情报。能源部并不具备执行收集外国情报的能力，它是依赖于其它机构（如中央情报局或者国家安全局）提供的情报。如果情报涉及大规模杀伤性武器，能源部就会提供专业分析。
国家侦察局（NRO）	负责卫星的设计、建造、发射和维护。NRO于1961年秘密成立，直至1992年才被承认存在。NRO为中央情报局（CIA）、国防部（DOD）等机构的"客户"提供技术先进的间谍卫星。
海岸卫队总部情报处（CGI）	成立于1915年，现隶属于国土安全部（DHS），负责提供海上安全、港口保卫、搜索与营救和禁毒方面的情报。
财政部情报与分析办公室（OIA）	于2004年依照《情报授权法》成立。OIA负责保护美国金融系统，"避免其遭非法利用，打击流氓国家、恐怖主义、大规模杀伤性武器扩散者、洗黑钱者、大毒枭和其它国家安全威胁。"
缉毒局（DEA）	成立于1973年，主要负责为反毒品行动情报收集。该机构致力于将收集回来的情报提供给其它执法机构，协助调查。
海军陆战队情报行动处	主要职责是，为战场指挥官提供战术和作战情报。它还为海军陆战队司令提供情报分析。
海军情报局（ONI）	成立于1882年，旨在收集和记录海军情报应用于战争与维和。ONI负责收集情报并将情报迅速转送至决策者手中。
国土安全部情报与分析办公室	主要负责收集与分析国土威胁情报，并与本地和联邦执法机构共享情报。其四大要务为：分析威胁、收集国土安全相关情报、与有需要的机构共享情报以及管理国土安全事业。

（续表）

机构名称	主要职能
国家情报总监办公室（ODNI）	成立于2004年，负责管理整个美国情报体系的工作。国家情报总监詹姆斯·克拉珀（James Clapper）是总统、国家安全委员会和国土安全委员会的首席顾问。

数据来源：赛迪智库，2014年3月。

二、法律法规

（一）信息安全法律体系较为完备

美国是世界上信息安全立法最早的国家，目前已经形成了较为完善的信息安全法律体系，涉及国家安全及电子监控、关键基础设施保护、联邦政府信息安全、个人数据和隐私保护、互联网内容管理、计算机安全及犯罪等领域。美国信息安全法律体系如下表所示。

表 16–3　美国信息安全法律法规体系

法律类型	法律名称
国家安全及电子监控	1968年联邦监听法
	1978年外国情报监听法
	2001年爱国者法
	2004年情报改革和反恐怖主义法
	第12356号行政命令–国家安全信息
	第12958号行政命令–国家安全信息
	第62号总统令–打击恐怖主义
	第39号总统令–打击恐怖主义
关键基础设施保护	1996年国家信息基础设施保护法
	2001年关键基础设施保护法
	2002年关键基础设施信息保护法
	1996年第13010号行政命令
	1998年第63号总统令–关键基础设施保护
	2001年第13231号行政命令–信息时代的关键基础设施保护
	2003年第7号国家安全总统令–关键基础设施标识、优先级和保护
	2013年第13636号行政命令–提高关键基础设施网络安全
	2013年第21号总统令–关键基础设施安全性和恢复力

（续表）

法律类型	法律名称
联邦政府信息安全	1966年信息自由法
	1977年联邦计算机系统保护法
	1996年信息技术管理改革法
	2000年政府信息安全改革法
	2002年联邦信息安全管理法
	2002年电子政务法
	第13011号行政命令-联邦信息技术
个人数据和隐私保护	1974年隐私权法
	个人隐私保护法
	1986年电子隐私保护法
	1998年儿童网络隐私保护法
互联网内容管理	1998年儿童在线保护法
	1999年禁止儿童色情图片法
	2003年反垃圾邮件法
计算机安全及犯罪	1984年计算机欺诈与滥用法
	1987年计算机安全法
	1997年加强计算机安全法

数据来源：赛迪智库，2014年3月。

（二）重点法律评析

1.《联邦信息安全管理法》

《联邦信息安全管理法》要求联邦政府充分保护其信息和信息系统，以防越权存取、使用、泄露、中断、修改或破坏等行为的发生。管理法重点对政府部门及其承包商等使用的信息系统保护作出了规定，即任何代表联邦政府处理联邦信息或操作信息系统的外在提供者都必须满足与联邦机构相同的安全要求。这些安全要求也适用于外在子系统存放、处理或者传送的联邦信息，以及所有由子系统提供或与之相关的服务。

2.《克林格—科恩法》

《克林格—科恩法》对联邦政府范围内电脑系统的效率、安全性和隐私进行了划分，为执行机构提高其信息资源获取和管理的能力确定了一套综合方法。作为法案下管理和预算办公室的部分职责，它们发布各种各样的通告。第A-130

号通告为联邦信息资源管理确立了一系列政策，其中包括实施部分特定政策的程序和分析指南。附录 III 要求为在一般支持系统和主要应用中可进行数据收集、处理、传输、存储的所有机构信息提供足够强的安全保护。隐私法同样管理个人可识别信息的收集、维护、使用和传播，这些信息都被保存在联邦机构的文档系统中。

3.《经济间谍法》

美国《经济间谍法》是美国历史上第一部专门规定窃取经济秘密法律责任的联邦法律，该法对于美国保护本国经济情报和技术秘密等起到了非常重要的作用。《经济间谍法》总共涵盖"保护商业秘密"、"欺诈和相关活动"等六大部分内容，其中最核心、与信息安全最相关的条款是第一条"保护商业秘密"。《经济间谍法》主要对经济间谍活动和窃取商业秘密行为做出了界定和处罚。然而，法案对美国政府实体、州或州的政治分支机构进行的合法活动不予禁止。

《经济间谍法》对商业秘密的界定非常宽泛。包括任何有形和无形的资料，也不论其是以储存、编辑、文字或以物理记忆、电子、图表、照相或文字存储。《经济间谍法》判断商业秘密的条件有两个：一是只要这些信息的所有人已针对情况采取合理措施以保护其秘密性；二是只要这些信息不为一般公众知晓，且难以利用合法方式确认，从而具有现实或潜在的独立经济价值。《经济间谍法》颁布后，成为美国联邦法保护商业秘密的最重要工具之一。2013 年 1 月 24 日，美国大幅调高经济间谍活动罚金标准，以应对日益严峻的信息安全形势。

（三）信息安全法律体系不断完善

美国仍在加强信息安全法律体系建设，2013 年新出台了多项重要法律法规，主要集中在以下几方面：

一是关键基础设施信息保护。2013 年 2 月，美国总统签署《提高关键基础设施网络安全的行政命令》，要求美国政府与运营关键性基础设施的合作伙伴加强信息共享，共同建立和发展一个推动网络安全的实践框架；同月，美国总统签署《关键基础设施安全性和恢复力的总统令》。该总统令规定了关键基础设施安全性及恢复力的国家政策，阐明了关键基础设施中联邦政府的相关功能、角色和责任，明确了联邦、州、地方、部落和属地实体，以及关键基础设施公共和私有的所有者和运营者之间的责任关系。

二是产业链信息安全保护。2013 年 3 月 26 日，美国总统奥巴马签署了《2013年合并与进一步持续拨款法案》，意在限制美国政府机构从与中国政府有关的公司购买信息技术。《2013 年合并与进一步持续拨款法案》第 516 条规定："美国商务部、司法部、国家宇航局和国家科学基金会不得利用任何拨款采购由中国政府拥有、管理或资助的 1 个或多个机构所生产、制造或组装的信息技术系统"。该条款有效期为 2013 年 3 月 28 日至 9 月 30 日。在该条款的例外情况中规定，当相关联邦机构负责人与联邦调查局或其他机构进行会商、并对网络间谍或蓄意破坏进行风险评估后，如相关采购活动符合美国国家利益，才可以进行采购。

三是信息安全共享机制。2013 年 4 月，美国众议院以 248 对 168 票通过了保护通信网络免受网络袭击的《网络情报共享和保护法案》。该法案鼓励美国公司和联邦政府共享从互联网上收集来的信息，以防止网络犯罪集团、外国政府和恐怖分子的网络攻击。根据该法案，美国联邦政府可将有关网络威胁信息转告相关企业，以防来自别国的网络攻击和威胁。对于和政府合作的公司，政府也会给予某些保护。

四是对原有信息安全法律的修订。通过实践，FISMA 的一些条款已经无法满足当前信息安全要求。因此，美国众议院在 2013 年 4 月 16 日以全票通过了《美国联邦信息安全法修正案》。修正条款的主要内容包括：增加了对政府部门信息技术系统进行安全控制的内容，要求相关机构进行持续监控、对基础设施进行威胁评估和安全防护。此外，修正案明确各机构领导对其部门的网络安全负责，各部门均应设立首席信息安全官。为实施修正案列举的上述工作，需要在未来 4 年投入 6.2 亿美元。

三、标准规范

（一）信息安全标准体系较为完备

根据上文提到的美国《联邦信息安全管理法案》（FISMA）的要求，美国国家标准技术研究院（NIST）已经建立了一套完善的信息安全保障框架，制订了一套有效的信息安全标准体系。NIST 的风险管理框架如图 16-3 所示：

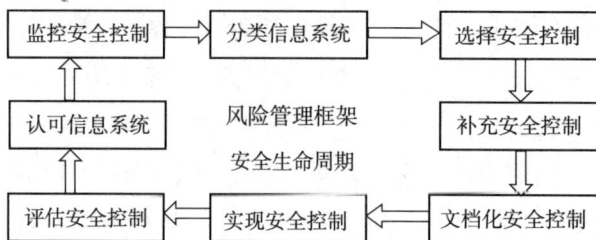

图16-3 NIST风险管理框架

数据来源：赛迪智库，2014年3月。

分类信息系统是指根据信息和信息系统的潜在安全影响确定信息和信息系统的危险程度。相关的 NIST 标准和指导方针是 FIPS 199《联邦信息和信息系统安全分类标准》和 SP 800-60《将信息和信息系统映射到安全类别的指南》。

选择安全控制是指为信息系统选择最低（基线）安全控制，并进行适当裁剪。相关的标准包括 NIST FIPS 200《联邦信息和信息系统最低安全需求》、NIST SP 800-53《联邦信息系统推荐安全控制》等。

补充安全控制是指在风险评估基础上对安全控制基线进行提炼、补充。相关的 NIST 标准和指导方针是 FIPS 200《联邦信息和信息系统最低安全需求》、SP 800-53《联邦信息系统推荐安全控制》和 SP 800-30《IT 系统风险管理指南》。

文档化安全控制是指在安全计划中描述信息系统安全需求的安全控制措施。相关标准包括 NIST SP800-18《联邦信息系统安全计划开发指南》等。

实现安全控制是指应用安全配置的安全控制措施。相关标准包括 SP 800-70 Revision 1（Draft）《IT 产品国家配置清单项目—配置清单用户和开发者指南（草案）》等。

评估安全控制是指确定安全控制实现的有效性的方法。相关标准包括 SP 800-53A《联邦信息系统安全控制评估指南》等。

认可信息系统是指对信息系统当前安全状态对机构运行、资产或个体可能造成损害的风险进行评估。相关信息安全标准包括 SP 800-37《联邦信息系统安全认证认可指南》等。

监控和改进安全控制是指对信息系统及其环境变化进行持续跟踪和监控。相关标准包括 SP 800-37《联邦信息系统安全认证认可指南》和 SP800-53A《联邦信息系统安全控制评估指南》等。

（二）重点标准评析

1.FIPS199《联邦信息和信息系统安全分类标准》

美国联邦信息处理标准（FIPS）是 NIST 制定的强制性信息安全系列标准，FIPS 199《联邦信息和信息系统安全分类标准》是其中具有较大影响力的标准，该标准给出了确定信息系统安全类别的依据。是 FIPS 199 中提出的信息和信息系统"安全类别"的判断标准是基于事件对相关机构影响程度。具体以信息和信息系统的保密性、完整性和可用性来表现，即根据保密性、完整性或可用性缺失对机构运行、机构资产和个人产生的影响程度，将影响级别分为：低、中、高三档。FIPS 199 定级流程按照"确定信息类型——确定信息的安全类别——确定系统的安全类别"进行。

FIPS 199 指出，信息系统包含隐私信息、合同商敏感信息、专属信息、系统安全信息等不同类型的信息。根据保密性、完整性和可用性三类安全目标，分析、判断不同信息类型的潜在影响级别，可分为低、中、高。然后，按照"取高"原则，分析、整合系统内所有信息类型的潜在影响级，选择较高影响级别作为系统的影响级。系统安全类别（SC）的通用表达式为:SC 需求系统 ={（保密性，影响级），（完整性，影响级），（可用性，影响级）}。

NIST 在 2004 年 6 月推出 SP 800-60《将信息和信息系统映射到安全类别的指南》及其附件，以配合 FIPS 199 的实施。指南中详细的介绍了联邦信息系统中可能运行的所有信息可能归属的类型；并介绍了选择影响级别的方法，并针对每一种信息类型给出推荐采用的级别，为系统的确定等级提供了有益的参考。

2.SP 800-53《联邦信息系统推荐安全控制》

NIST 出台的 SP 800-53 标准按照类型提出了政府信息系统应该满足的安全控制要求，涉及的类型主要包括：意识和培训、认证、认可和安全评估、配置管理、持续性规划、事件响应、维护、介质保护、物理和环境保护、规划、人员安全、风险评估、系统和服务采购、系统和信息完整性等 18 个控制族，总计 106 个具体控制措施。

800-53 将安全控制分为三类：管理、技术和运行。每类安全控制又分为若干个控制族（共 18 个），每个族包括不同的安全控制项（共 390 个）。800-53 来源包括：FISCAM（联邦信息系统控制审计手册）、DOD 8500（信息保障实施指导书）、SP 800-26（信息技术系统安全自评估指南）、CMS（公共健康和服务部，医疗保障和公共医疗补助，核心安全需求）、DCID 6/3（保护信息系统的敏感隔离信息）、ISO 17799（信息系统安全管理实践准则）等。

《联邦信息系统推荐安全控制》致力于帮助不同机构选择合适的控制集合，以加强各自信息系统安全保障能力。800-53提出了基线的概念，即，满足安全控制的最小集。800—53列出三套基线安全控制集（基本、中、高），对应信息系统的不同影响等级。用户在具体应用时可根据实际情况采用删减、替换、增加等制定适合各自信息系统的安全控制集。

（三）信息安全标准制定不断推进

美国一直在持续加强信息安全标准制定工作，2013年陆续出台了多项信息安全标准，主要包括：（1）2013年9月5日发布了"联邦雇员及承包商个人身份验证（PIV）标准"，该标准隶属于NIST FIPS标准系列，主要包括对联邦政府雇员和承包商的身份鉴别技术和架构要求；（2）2013年8月22日发布了"ITL发布恶意软件事件的防范和处理指南"，该标准隶属于ITL公告系列，主要对NIST SP 800-53第一版进行解释，以为恶意软件防护和处理提供指南；（3）2013年8月15日发布了"加密密钥管理系统的设计框架"，该标准隶属于NIST SP标准系列，主要是为加密密钥管理系统的设计提供了框架标准；（4）2013年7月22日发布了"NIST云计算标准路线图"，该路线图隶属于NIST SP标准系列，主要对云计算标准制定工作进行了规划；（5）2013年7月19日发布了"数字签名标准"，该标准隶属于NIST FIPS标准系列，主要介绍了关于数字签名生成算法的标准。

四、技术创新

（一）信息安全技术领先

美国掌控了全球大部分操作系统、数据库、网络设备等信息安全基础技术市场。在芯片方面，国际知名厂商中大部分是美国企业，如英特尔、AMD、高通等。在桌面操作系统方面，微软的统治地位仍无人可以撼动，市场份额超过96%。在移动操作系统方面，则由谷歌的安卓系统把控，市场份额已经超过85%。在数据库方面，甲骨文、IBM 和微软三家企业的产品占据 85% 左右的市场份额。美国不断启动信息安全研发项目，重点研发云计算、物联网、移动互联网、网络攻防的信息安全技术。例如，美国政府深度介入云计算产业的发展，通过强制政府采购和指定技术架构来推进云计算技术进步和产业落地发展。

（二）技术创新定位清晰

美国建立了较为完善的计算创新体系。早在 2002 年，美国科学基金就设立了"IT 与国家安全"专项基金，鼓励研究人员开展技术创新。该专项基金申请条件规定，50 万美元以下的项目可根据国家需要随时申请立项，加大了项目申请的实时性和便捷性，有力地推动了美国技术创新工作。"IT 与国家安全"专项基金支持的领域主要有三个：一是电子计算机安全和临界架构保护领域，包括网络安全技术、攻击防卫技术、服务器攻击隔离技术和信息确认技术等领域的研究。二是知识检索和传递领域，包括进行分布式数据库、大型数据库或杂乱数据库的采集技术，多语种、多模式数据库的知识表达技术，在交互环境下共享知识技术等相关领域的研究。三是生物防卫技术领域，包括生物信息技术，生物传感技术等研究。

此外，美国 NIST 研究提出的信息安全技术模型给出了美国信息安全技术的整体框架。网络安全服务模型涉及可用性、完整性、保密性、可靠性和安全性五个角度，其中重点描述的分布式安全模式的操作流程，为政府部门和私人企业及时预防、追踪网络攻击，提供了理论指导。

（三）技术创新战略布局不断完善

随着信息技术的快速发展，美国在不断完善其战略创新和战略布局。

一方面向美国创新的基本要素投资。主要包括培养具有创新能力的人才和具备相当能力的劳动力队伍、加强和扩大美国在基础研究领域的领先地位、建设先进基础设施、发展先进的信息技术生态系统等。

另一方面促进基于市场的创新。主要包括通过简化和永久化的研发税收减免促进企业创新、支持创新的创业者、促进"创新中心"和创业生态系统的发展、推动建立创新开放和竞争的市场。

五、人才培养

（一）信息安全高校教育体系较为成熟

高校是美国信息安全人才培养体系的核心组成部分，众多高校纷纷设立了信息安全专业，其中较为知名的高校包括：加州大学伯克利分校、麻省理工学院、斯坦福大学、康奈尔大学、普林斯顿大学、哈佛大学等。其中，加州大学伯克利分校的信息安全专业通过与企业合作，培养了大批专业人才；麻省理工学院为学生提供了从原理到应用、从理论到仿真实验等多角度的选课范围；斯坦福大学自成立信息安全专业以来，取得了丰硕的研究成果，学校专门为信息安全开辟了理论与实际结合的通道。

（二）信息安全人才队伍建设不断推进

为应对日益严峻的网络安全形势，美国不断推进信息安全人才队伍建设，主要包括：

2002 年制定了"网络空间人才"（Cybercorps）计划，其目的是培养美国急需的网络安全人才。"网络安全研究与开发法案"确立了美国培养网络安全技术人才的原则，并明确规定国家有义务资助他们开展研究工作。该法案要求"美国政府在未来 5 年内投资 8.78 亿美元，用于计算机和网络安全人才的培养，重点资助网络安全专业的博士生和博士后进行项目研究"。

为建设信息安全队伍，美国国土安全部 2013 年提出五项目标。目标一：确保国土安全部中负责关键使命网络安全角色和任务的人员在该领域是高度专业的；目标二：帮助国土安全部的员工培养和保持高级网络安全技能，改善他们的工作环境，提高对高素质应征者的吸引力；目标三：通过与高校、社区大学、网络竞赛组织者及其他联邦机构建立创新伙伴关系，从根本上拓宽关键使命技术人才选拔渠道；目标四：在网络安全的招聘、培训和人力资本发展方面，国土安全部近期将集中精力建立一个具有 600 名左右联邦工作人员的网络安全团队；目标五：建立"网络安全人才储备"项目，保证技术熟练的网络安全专业人员骨干在国家需要时随时可用。

（三）信息安全人才培养项目不断推出

近期，美国陆续推出多项信息安全人才培养项目，主要包括：

美国国土安全部（DHS）国家保护和计划局（NPPD）网络安全教育办公室（CEO）推出网络竞赛项目（CCP），其目的是开发一个全面的列表美国所有的网络比赛和提高认识。网络比赛能够为所有参加者提供学习途径，有利于选拔信息安全人才。此外，网络比赛提供了一个论坛的参与者，DHS认为是一个不可或缺的平台，增加未来的网络安全专业人员队伍的联网和信息共享。

美国系统网络安全协会（SANS Institute）推出了 NetWars Cyber City 项目，旨在为当今的"网络战士"提供关于关键基础设施保护的指导。该计划包含一系列的演习，以提高网络战士保护关键网络和物理基础设施免受攻击的技能。

六、经费支持

（一）信息安全经费充足

美国历来重视信息安全经费投入，早在 2003 年财政预算中，美国政府就设立了信息安全专项经费，用于维护网络安全的费用达 2.98 亿美元（比 2002 年度的 0.62 亿美元提高了 381%）。美国政府在信息安全研发上的投入也一直在增加。2014 年，美国政府各部门在信息安全技术研究方面的经费将占整个信息技术研发投入的 1/4，这一比例仅次于对高性能计算机的经费投入。

（二）情报部门经费投入巨大

在美国信息安全经费投入方面，大量经费被投向情报工作。美国 16 家情报机构中，中央情报局（CIA）、国家安全局（NSA）和国家侦查办公室（National Reconnaissance Office）2013 年的预算分别为 147 亿美元、108 亿美元和 103 亿美元，位列前三，在 2013 年 526 亿美元的情报总预算中占了 68%。前两家机构的预算比 2004 年增加了近 6 成。在 16 家情报机构中，美国中情局的花费超过了其他所有情报机构，2013 年其要求预算为 147 亿美元，高出美国国安局预算 50%，其中美国中情局和国安局启用一项名为"网络攻击行动"的预算，开始了新一轮攻击外国电脑网络、窃取信息和破坏敌方系统的活动。美国情报部分 2013 年经费投入具体情况如表 16-4 所示。

表 16-4　美国情报部门 2013 年经费投入情况

部门	2013年预算（十亿）	较2004年增长
中央情报局（CIA）	14.7	56%
国家安全局（NSA）	10.8	53%
国家侦察计划（NRP）	10.3	12%
国家地理空间情报计划	4.9	108%
一般国家防御情报计划	4.4	3%
司法部门（JD）	3	129%
美国国家情报主任办公室	1.7	341%
专项侦查计划（SRNP）	1.1	16%
防御国外情报部门计划	0.5	13%
国土安全局（DHS）	0.3	84%
能源部门（ED）	0.2	110%
国家部门（SD）	0.07	49%
财政部门	0.03	841%

数据来源：赛迪智库，2014 年 3 月。

（三）信息安全经费预算持续增加

美国 2014 财年财政预算案中的信息安全预算总额达 130 亿美元，较上年度增加约 20%。白宫表示，针对网络安全的预算"包括增强和改善涉及网络的所有活动"，网络安全被列入国防部、国土安全部等多个部门的重点支出项目，主要包括：

一是在国防开支面临削减的情况下，美国政府仍打算加大投入，扩容军方"黑客"队伍，强化网络攻击和防御能力。2014 财年国防预算为 5266 亿美元，较上财年减少 39 亿美元。其中，计划拨款 47 亿美元用于网络安全事务，与现行方案相比增加 8 亿美元。

二是国土安全部在预算减少的情况下，仍将网络安全列入重点预算项目。国土安全部预算为 390 亿美元，较 2012 年实际支出减少 1.5%，即 6.15 亿美元。国土安全部预算投入 4400 万美元，推进政府信息共享项目，同时资助更多网络空间研究项目和协助私营企业以及地方政府增强网络防御。

三是商务部预算加大了对重点基础研究机构的资助力度，拟为国家安全和技术研究院(NIST)提供7.54亿美元,为网络安全、灾难恢复等技术的研发提供支持。

　　此外,新财年国防网络安全预算却大幅增加。国防预算消减了无人机等方面的经费投入,国防预算费用将从上一财年的5305亿美元减少到5266亿美元。与此相反,国防网络安全预算高达47亿美元,较现行方案大幅增加20%,凸显了美国对国防网络安全的重视。新财年预算案提出要扩建美国网军司令部领导的网络军队,由国防、情报、分析等领域的网络安全专家组成的网络军队将通过侦察、监视、开发、维护、和分析等手段来提升美国网络安全进攻与防御能力。美国国家安全局局长声明美国国防部网络司令部将在2015年秋季前组建13支进攻性部队,在遭到国外网络攻击时发动网络战。预算案表明美国政府已经在开展"网络军备竞赛",美国的网络战争布局已经启动。

第十七章　欧盟

一、组织架构

（一）组织架构体系具有多层面协调的特点

目前，欧盟建立了联盟与成员国相互协调的组织架构体系，其中网络和信息安全相关部门与执法部门和国防部门各司其职，详见图17-1。从欧盟层面看，信息安全参与者主要包括欧洲信息安全局（ENISA）、欧洲刑警组织/EC3、和欧洲防务局（EDA），其分别代表各国国家信息安全职能部门、执法部门、国防部门。这些机构的管理委员会由各成员国参与，并在欧盟层面上提供协调。从成员国国家层面上看，欧盟各成员国各自建立了自身的信息安全组织架构体系，并与欧盟整体架构体系相呼应。

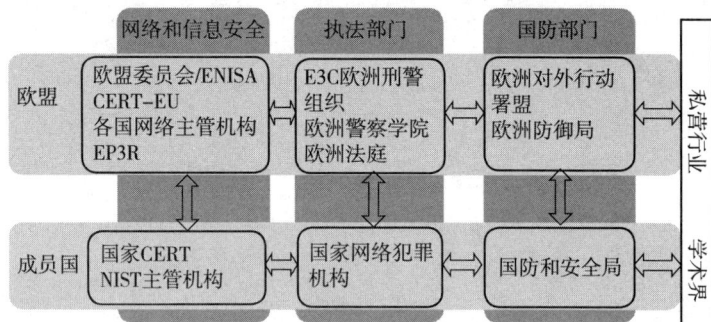

图17-1　欧盟信息安全组织架构体系

数据来源：赛迪智库，2014年3月。

成立于2004年的欧洲信息安全局（ENISA）是欧盟层面统一的信息安全机构。

其主要工作任务包括：收集、分析当前和新出现的安全风险并向各个成员国和欧盟委员会提供分析结果；提供相关咨询和帮助，增强网络与信息安全执行人员之间的合作交流，促进欧盟委员会和各个成员国之间的合作，致力于提高安全意识，协助欧盟委员会及各个成员国与工业界进行对话，跟踪网络与信息安全相关产品和服务标准的发展状况；协助欧盟委员会与第三国和国际组织开展合作等。

信息安全机构、执法机构、国防机构在欧盟层面加强合作以应对信息安全威胁。ENISA、欧洲刑警组织/EC3、和EDA在众多领域采取合作与协作，主要包括趋势分析、风险评估、培训和最佳实践共享。他们在合作的同时保留各自的特点。

欧盟建立了国家、企业和个人相互协调的信息安全应急机制。重大网络安全事件和攻击可能影响欧盟的政府、企业和个人，欧盟委员会和成员国就重大网络安全事件和攻击保持密切信息交流。当安全事件严重影响企业的业务连续性时，网络信息安全局将根据安全事件的跨国性质触发国家或欧盟的网络信息安全合作计划；安全事件涉及犯罪时，应通知欧洲刑警组织/EC3，以便他们与受害国家的执法部门一起，开展调查、保存证据、查明肇事者以及最终起诉犯罪分子；安全事件涉及网络间谍或国家发起的攻击、或国家安全受到影响时，国家安全和国防部门会将对相关同行进行警告，以便让他们知晓正在经受攻击，并能进行自我保护；发生特别严重的网络安全事件或攻击时，欧盟成员国可援引欧盟团结条款（欧盟功能条约的第222条）；安全事件可能损害个人数据时，国家数据保护机构或国家监管机构将根据2002/58/欧盟指令进行参与。

（二）各国信息安全机构职能较为清晰

欧盟各国中确定解决网络与信息安全问题的战略政策最重要的政府部门包括：（1）通信部：负责通信网络政策，以及有时参与信息基础设施保护；（2）国家电子通信管理机构；（3）国家数据保护办公室；（4）内政部：负责国家安全、电子身份和网络犯罪的政策，有时参与关键信息基础设施保护；（5）国防部：可能会与内政部合作制定网络反恐政策，通常是特定的网络与信息安全产品与服务的重要客户；（6）公共行政/电子政务部：负责政府内部使用网络与信息安全的政策。这些政府部门主要负责制定战略政策，并同其他国家公共机构以及私人组织协商，它们还在欧盟一级代表各自的国家。执行机构（有时是国内其他部委）具体落实这些安全政策，监测网络与信息安全威胁和攻击，组织协调对应措施，促进提高认识和发起教育活动。

英国信息安全相关职能部门主要包括国家基础设施保护中心、通信与电子安全小组、网络安全行动中心等。其中，通信与电子安全小组（CESG）（国家通信总局（GCHQ）的一部分）为国家技术局提供信息保障并主导计算机应急反应小组（GovCertUK）的运行；网络安全行动中心（CSOC）是一个由多部门构成的单位，主要职能是监测网络空间的发展，分析其发展趋势，并改善针对网络事件的技术响应协调；网络安全办公室（OCS）隶属于英国内阁办公室，主要只能是推动英国网络安全战略的实施主要包括八个工作流程：整合电信业等行业正在开展的冗余度和恢复力、制定信息保证、安全与恢复力方面的最新标准和政策、监督现有信条、政策、法规框架中的缺失、主导在政府各级提高网络安全意识的工作、开展信息安全培训、开展和协调研发工作充分利用网络空间来应对网络犯罪行为、协调国际合作。

德国与信息安全工作相关的机构主要包括国家网络响应中心、联邦信息安全局（BSI）、国家网络安全委员会等。其中，国家网络安全委员会的成员单位主要包括联邦总理府以及联邦外交部、联邦内政部、联邦国防部、联邦经济和技术部、联邦司法部、联邦财政部、联邦教育与研究部的事务大臣和联邦州代表。国家网络安全委员会旨在协调预防工具以及公共和私营行业的跨学科网络安全保护方式。国家网络安全委员会将对联邦层面的 IT 管理以及 IT 规划委员会在网络安全领域的工作（在政治和战略层面）进行补充，确保相互链接。国家网络响应中心向联邦信息安全局（BSI）负责，并直接与联邦宪法保护局（BfV）及联邦民众保护和灾难援助局（BBK）开展合作。国家网络响应中心的合作将在合作协议的基础上，严格遵守所有相关机构的法定任务和权限。

（三）信息安全组织架构不断完善

欧盟仍在不断完善其信息安全组织架构，2013 年 3 月份出台的《欧盟网络安全战略》提出了欧盟信息安全组织架构发展新计划。

一方面，各成员国在国家层面上建立网络与信息安全（Network and Information Security，NIS）最低通用要求，包括：指定国家主管机构、建立功能完善的应急响应队伍（CERT）、采用国家 NIS 战略和国家 NIS 合作计划。并建立预防、检测、处置和响应的协调机制，以便各国 NIS 主管机构能够共享信息和相互援助。国家 NIS 主管机构应相互协作，并与其他监管机构（特别是个人数据保护机构）进行信息交换。国家 NIS 主管机构应向执法机构报告涉嫌犯罪的行为。国家主管机构应在指定的网站上发布关于安全事件和风险的非涉密预警信息。连接欧洲设施（CEF）将为关键基础设施提供财政支持，以便连接各成员国的 NIS 机构，为欧盟内的合作提供便利。

另一方面，欧盟委员会将支持最近启动的欧洲网络犯罪中心（EC3），并将其作为欧洲打击网络犯罪的关键环节。EC3 将提供分析和情报、支持调查、提供高水平取证、促进合作、创造欧盟成员国主管机构与私营行业和其他利益相关方之间的信息共享渠道，并逐步成为执法部门的发声渠道。支持关于增加域名注册商责任的努力，在互联网名称与数字地址分配机构（ICANN）执法建议的基础上确保网站所有权信息的准确。

二、法律法规

（一）信息安全法律体系较为完备

欧盟建立了较为完备的信息安全法律体系。欧盟通过颁布决议、指令、建议、条例等构建了内容丰富、体系完整的法律框架，涵盖总体性立法、电子通讯拦截、关键基础设施保护、个人数据和隐私保护、互联网内容管理、打击网络犯罪等领域。此外，为确保网络安全并应对所有欧盟成员国担心的网络犯罪问题，欧盟在共同司法管辖范围内加强联盟、机构以及成员国之间的深入合作，构成了预防网络犯罪以及控制犯罪后果的合作框架。

（二）法律制度类型多样

欧盟颁布的法律法规主要分为条例、指令、决定、决议、公约等类型，表17-1 给出了近年来欧盟发布的各类型文件，这些法律法规文件表达了欧盟委员会及各成员国在信息安全方面的具体要求。

表 17-1 欧盟相关法律法规文件

类型	发布时间	名称
条例	2004年3月10日	关于建立欧洲网络与信息安全局的第460/2004号条例（[2004]OJL77/1）/1
指令	1998年6月22日	关于制定技术标准和规章领域内信息供应程序的第98/34/EC号指令（技术标准与规章指令）/21
	2000年6月8日	关于共同体内部市场的信息社会服务，尤其是电子商务的若干法律方面的第2000/31/EC号指令（电子商务指令）/39
	2001年5月22日	关于协调信息社会版权及邻接权若干方面的第2001/29/EC号指令（信息社会著作权指令）/66
	2002年3月7日	关于电子通信网络及相关设施接入和互联的第2002/19/EC号指令（接入指令）/86
	2002年3月7日	关于电子通信网络和服务授权的第2002/20/EC号指令（授权指令）/107
	2002年3月7日	关于电子通信网络和服务的公共监管框架的第2002/21/EC号指令（框架指令）/126
	2002年3月7日	关于电子通信网络和服务的普遍服务和用户权利的第2002/22/EC号指令（普遍服务指令）/155
	2002年7月12日	关于电子通信行业个人数据处理与个人隐私保护的第2002/58/EC号指令（隐私与电子通信指令）/192
	2002年9月23日	关于消费者金融服务远程销售及修正欧盟理事会第90/619/EEC号指令、第97/7/EC号指令和第98/27/EC号指令的第2002/65/EC号指令（远程金融服务指令）/212
	2004年3月31日	关于协调公共建设工程合同、公共供应合同和公共服务合同授予程序的第2004/18/EC号指令（政府采购指令）/229
	2004年4月29日	关于知识产权执法的第2004/48/EC号指令/303
	2006年3月15日	关于存留因提供公用电子通信服务或者公共通信网络而产生或处理的数据及修订第2002/58/EC号指令的第2006/24/EC号指令（数据存留指令）/318

（续表）

类型	发布时间	名称
决定	1992年3月31日	关于信息系统安全领域的第92/242/EEC号决定/341
	1999年1月25日	关于采取通过打击全球网络非法内容和有害内容以推广更安全地使用互联网的多年度共同体行动计划的第276/1999/EC号决定/354
	2001年12月27日	在第95/46/EC号指令下，关于向在第三国的处理者传输个人数据的标准合同条款的委员会决定（2002/16/EC）/369
	2003年6月16日	修订关于采纳通过打击全球网络上的非法内容和有害内容以推广更安全地使用互联网的多年度共同体行动计划的第276/1999/EC号决定的第1151/2003/EC号决定/375
	2003年11月17日	关于为监管电子欧洲2005行动计划，传播实践范例和改善网络和信息安全而采纳多年度计划（2003—2005）的第2256/2003/EC号决定/382
	2005年2月24日	欧盟理事会关于攻击信息系统的第2005/222/JHA号框架决定/390
	2005年5月11日	关于制定促进更安全使用互联网和新型在线技术的共同体多年度计划的第854/2005/EC号决定/397
	2007年2月12日	关于建立作为安全和自由防卫总战略一部分的"对恐怖主义和其他相关安全风险的预防，准备和后果管理"的特殊计划（2007—2013）的第2007/124/EC号决定/413
	2007年2月21日	关于同意在共同体内通过协调方式对使用超宽带技术的设备使用射频频谱的第2007/13I/EC号决定/424
决议	1995年1月17日	关于电子通信合法监听的决议/430
	2002年1月28日	关于网络和信息安全领域通用方法和特别行动的决议（2002/C 43/02）/434
	2003年2月18日	关于执行电子欧洲2005行动计划的理事会决议（2003/C 48/02）/440
	2003年2月18日	关于建立欧洲网络信息安全文化的决议（2003/C 48/01）/452
	2007年3月22日	关于建立欧洲信息社会安全战略的决议（2007/C 68/01）/455
公约	2001年11月23日	《网络犯罪公约》
	2007年10月25日	《保护儿童免受性剥削和性虐待公约》

数据来源：赛迪智库，2014年3月。

（三）重点法律制度评析

1.《网络犯罪公约》

2004 年生效的欧洲委员会《网络犯罪公约》，是全世界第一部针对网络犯罪行为的国际公约。该公约日前已经成为打击跨国网络犯罪的主要依据之一，欧洲委员会正在努力引入国家参与该公约，以扩大其全球影响力。《网络犯罪公约》明确了九类应受到刑事处罚的网络犯罪行为，主要包括非法进入、非法截取、资料干扰、系统干扰、设备滥用、伪造电脑资料、电脑诈骗、儿童色情的犯罪、侵犯著作权及相关权利的行为。

2.《欧洲委员会第 222/2005/JHA 号框架决定》

《欧洲委员会第 222/2005/JHA 号框架决定》针对信息系统遭受的攻击作出相关规定。该决定只适用于欧盟成员国，且仅把信息系统遭受的攻击看作是对私有和公共财产实施的刑事犯罪，未区分普通电脑系统和关键基础设施信息系统，也没有区分小规模攻击和大规模攻击的范围。

三、标准规范

（一）信息安全标准体系具有较高协调性

欧盟非常重视信息安全标准制定工作，要求各成员国增加标准协调性和透明度。早在 1998 年，欧洲议会和欧盟理事会就颁布了《关于制定技术标准和规章领域内信息供应程序的第 98/34/EC 号指令》，要求所有成员国对计划制定的技术规范进行通告，确保各成员国技术标准或规范制定的统一和透明。

为应对日益增长的网络安全风险，欧洲网络与信息安全局（ENISA）正在大力推广三种标准的技术——IPv6、域名系统安全扩展（DNSSec）和多协议标签交换协议（MPLS）的推广应用。这些安全标准有效地提高了欧盟网络的安全防护能力。除了在欧盟内部形成信息和通信技术统一标准之外，欧盟加大与美国等国关于信息安全标准的交流。

（二）重点信息安全标准评析

1. 欧洲的安全评价标准

欧洲的安全评价标准（ITSEC）是由英国、法国、德国和荷兰于 1991 年共同制定的 IT 安全评估准则，是欧洲多国安全评价方法的综合产物，主要应用于军队、政府和商业领域。该标准内容主要分为功能与评估两部分。其中功能标准被分为 10 级，分别与数据和程序的完整性、系统的可用性、数据通信的完整性、数据通信的保密性以及机密性和完整性的网络安全等对应。

2.BS7799《信息安全管理体系规范》

BS7799《信息安全管理体系规范》由英国标准委员会（BSI）制定，先后经过多次修订。1995 年发布的最早版本 BS 7799-1：1995 年版的《信息安全管理实施细则》提供了一套由信息安全最佳实践组成的实施规则，能够为信息系统涉及的控制范围提供参考基准；1998 年的第二版 BS 7799-2《信息安全管理体系规范》规定了信息安全管理体系要求与信息安全控制要求；1999 年，上述两部分标准经过修订后重新发布，新版本着重强调了商务涉及的信息安全及相关义务与责任。2000 年 12 月，基于上述标准的 BS7799-1：1999 年版的《信息安全管理实施细则》通过了国际标准化组织 ISO 的认可并正式发布，即 ISO/IEC17799-1：2000 年版的《信息技术—信息安全管理实施细则》。凭借实用性和通用性，BS7799 系列标准得到多个国家的广泛认可，已经成为具有代表性的国际信息安全管理体系标准。

3. 信息技术安全评价通用准则

信息技术安全评价通用准则（The Common Criteria for Information Technology security Evaluation，简称 CC 标准）。该标准由英、法、德、荷与美国和加拿大共同制定，是国际上信息安全评估权威标准。该标准综合已有的信息安全的准则和标准，形成覆盖信息安全整个领域的全面框架。1999 年，该标准通过 ISO 批准，正式成为国际标准，即 ISO/IEC 15408。

（三）信息安全标准体系不断完善

欧盟委员会加大对信息安全标准制定工作的支持力度，其中在需要数据保护的云计算等领域，使用欧盟范围的自愿性认证方案进行支持。供应链安全成为关键经济部门（工业控制系统、能源和运输基础设施）的下一步工作重点。这些工作必须参考欧洲标准化组织（CEN、CENELEC、ETSI）、网络安全协调组（CSCG）、ENISA 专家、欧盟委员会等相关参与者正在进行的标准化工作。

欧盟委员会要求 ENISA 与国家有关主管机构、利益相关者、国际和欧洲标准化机构、欧盟委员会联合研究中心进行合作，为采用 NIS 标准和公私行业的良好实践制定技术指南和措施建议。

委员会请公共和私人利益相关者激励 ICT 生产商以及包括云服务提供商在内的服务提供商开发和采用企业主导的安全标准、技术规范和安全设计与隐私设计的原则；新一代软硬件应具有更强的、嵌入式的和用户友好的安全特性。制定企业主导的企业网络安全性能标准，通过开发安全标签或风筝标识帮助消费者驾驭市场，提高公众获得市场信息的能力。

四、技术创新

（一）信息安全技术创新受到重视

欧盟对信息安全技术创新工作非常重视。早在 2000 年，欧盟资助的 NBSSIE 计划就开始启动加密算法、流加密算法、HASH 函数、MAC 算法、数字签名方案、公钥加密方案等技术研发工作。近年来，欧盟还加强了对可信计算、电子追踪、电子标签等技术和产品更新换代的研制与支持。其资助的重点项目包括：可信计算项目 OpenTC，该项目对基于开源软件开发可信安全的计算系统进行研究；GRIFS 项目，该项目旨在提高对 RFID 标准领域的整体认识，提高相关安全防护能力。此外，欧盟在爱沙尼亚建设北约网络防御合作卓越中心，支持以提高网络安全能力为目标的研发活动。

（二）信息安全技术孵化流程不断加快

欧洲信息安全技术研发机构主要包括大学和研究中心等机构。很多欧洲大学将信息安全列为优先发展的研究领域，大部分计算机科学系或电子工程系设立了网络与信息安全实验室。研究内容主要包括：加密技术理论基础及开发、系统安全以及网络安全技术、加密协议和算法等。欧盟加大对信息安全技术共享与市场转化的支持力度，大学和研究中心在创新开发、向欧盟企业转让信息安全技术以及培训企业用户、提高信息安全意识等方面发挥了重要作用。

（三）重点信息安全技术研发项目不断开展

欧盟计划通过研发项目来降低欧洲对国外信息技术的依赖程度。信息技术是信息安全的基础，欧盟将于 2014 年启动"地平线 2020 研究和创新框架项目"（以下简称地平线 2020 项目）。该项目将为新兴的 ICT 技术研究提供支持，为端到端的 ICT 系统、服务和应用提供解决方案，为采用和实施现有解决方案提供激励机制，同时考虑网络和信息系统间的互操作性。此外，地平线 2020 项目还将致力于开发工具和手段，以打击网络犯罪和恐怖活动。

欧盟委员会将建立协调机制，鼓励各成员国加大在研发上的投资。欧盟各会员国将在 2013 年底前制定相关计划，促进企业界和学术界尽早参与解决方案的制定工作。

五、人才培养

（一）信息安全人才培养措施丰富

欧盟信息安全人才培养机制包括欧盟和各成员国两个层面，从欧盟层面来说，欧盟分别从人才培养、技能培训、意识提高三方面采取多种措施。例如，ENISA 一直通过发布报告、组织专家研讨会、开展公私合作来提高参与者的安全意识。欧洲司法组织\欧洲刑警组织以及国家数据保护机构也在努力进行意识宣传。2012 年 10 月，ENISA 与一些欧盟成员国合作推出了"欧洲网络安全月"活动。提高意识是欧美网络安全工作组的工作领域之一。

（二）信息安全人才培养取得一定进展

欧盟各成员国不断加大信息安全人才培养力度，主要包括：

英国建立了高校信息安全人才培养机制。自 2006 年起，英国苏格兰地区的大学设立了计算机黑客学位，以满足业界对 IT 安全专家的需求。此外，英国通过"英国网络安全挑战赛"等多种方式寻找信息安全人才。

荷兰持续推动网络安全培训工作。主要包括：在各个教育层面组织网络防御和信息安全研究，组织网络防御和信息安全在职培训，组织根据风险评估来应对危机情况方面的培训演习，并参与国际培训演习。

爱沙尼亚的高校人才培养机制刚刚起步。爱沙尼亚的塔尔图大学和塔林理工大学的课程中包括了加密学课程和几门数据安全方面的普通课程，但这不足以覆盖整个信息安全领域。ICT 相关领域的信息安全培训和准备不足，并且缺少有经验的能提供该领域基础教育的大学教师。爱沙尼亚的信息安全相关研究大部分限于密码学领域，爱沙尼亚的研究人员已经在该领域获得了世界级成果，并创新了安全解决方案。

（三）信息安全人才培养项目不断推出

信息安全人才培养是欧盟的重点工作之一，欧盟将推出多个人才培养项目。欧盟委员会要求 ENISA 在 2013 年提出"网络与信息安全驾驶证"路线图，将之作为一个自愿认证计划来提升 IT 专业人士的竞争力（例如网站管理员）。欧盟委员会将在 ENISA 的支持下，计划于 2014 年组织开展网络安全锦标赛，其中大学学生将就 NIS 解决方案进行竞赛。欧盟各会员国在 ENISA 的支持下，从 2013 年起每年组织一次私营行业参与的网络安全月活动，以提高最终用户的安全意识。2014 年起将组织开展同步进行的欧盟网络安全月活动。欧盟各会员国举全国之力开展 NIS 教育和培训，包括：2014 年在学校开展 NIS 培训；对计算机专业的学生进行 NIS、安全软件开发和个人数据保护方面的培训；对公共部门工作人员进行 NIS 基本培训。欧盟委员会号召私营行业在商业实践和与消费者对接方面提高各级网络安全意识。私营行业应思考如何使首席执行官和董事会承担更多网络安全方面的责任。

六、经费支持

（一）信息安全经费投入持续增加

近年来，欧盟对信息安全、网络安全的经费投入持续增加。2006 年，欧盟各国在信息化方面的投资中只有 5%~13% 的资金用于信息安全。2007—2013 年期间，欧盟委员会拨款 350 亿欧元（454 亿美元）用于网络安全研究，平均投资占到信息化方面投资的 20% 以上，并呈现出逐年上涨的趋势。支持的项目主要包括欧洲网络发展预测威胁和漏洞方法（Syssec）、安全服务体系结构和安全服务设计（Nessos）、新软件安全问题测试（SecureChange）等。

（二）成员国信息安全资金投入不断加大

欧盟各成员国不断启动信息安全研发项目，大量针对云计算、物联网、移动互联网、网络攻防的信息安全研发项目启动。例如，2013年4月，德国联邦教研部与联邦内政部投资800亿欧元支持物联网安全研发。5月份，英国政府和相关研究委员会向伦敦大学和牛津大学投资750万英镑支持其网络安全研究。此外，英国政府的《英国网络安全战略》，宣布将投入6.5亿英镑巨额信息安全专项经费，其中一半左右将主要用于加强英国检测和对抗网络攻击的核心能力。德国也非常重视信息安全经费投入，2013年7月宣布将投入约800万欧元的科研经费，用于支持一批物联网信息安全领域的研发项目。

（三）信息安全项目不断开展

欧盟将通过多种形式开展信息安全项目，主要包括：

欧盟委员会请私营行业加大对高水平网络安全的投资，制定行业层面的最佳实践，促进私营行业和公共机构的信息共享，确保对资产和个人的强效保护，具体方法包括欧洲恢复力公私合作组织（EP3R）和数字生活信任（TDL）等公私伙伴关系项目。

欧盟委员会将通过欧盟资助项目，支持各成员国明确差距并加强调查和打击网络犯罪的能力。欧盟委员会将对那些致力于建立研究、执法和私营行业之间联系的实体予以进一步支持，类似的工作包括欧盟委员会资助的网络犯罪示范中心。并与欧盟各成员国协调，努力确定最佳实践和最佳可行技术，包括在联合研究中心（JRC）支持下打击网络犯罪（例如取证和威胁分析工具的开发和使用）。

第十八章　日本

一、组织架构

（一）形成了较为完备的信息安全组织架构

2005 年 4 月，日本成立了隶属于信息安全策略委员会的国家信息安全中心，日本的信息安全组织架构逐渐稳定，形成如图 18-1 所示组织架构。日本信息安全最高指挥机构是国家 IT 战略本部，由首相负责，IT 战略本部下设内阁秘书处 IT 部门，是内阁管理 IT 事务的机构，IT 战略本部的下属机构是信息安全策略委

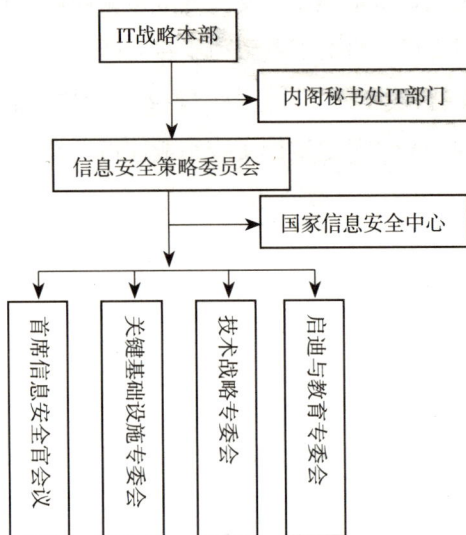

图18-1　日本信息安全组织架构

数据来源：赛迪智库，2014 年 3 月。

员会，委员会由各省厅的首脑组成，负责协调信息安全具体事务，信息安全策略委员会又下设多个专委会，负责国家信息安全不同方面的事务。

（二）机构职能分工较明确

确保本国的网络系统安全，日本政府各部门进行了明确分工，如表18-1所示：

表 18-1　日本信息安全管理部门一览表

政府部门	信息安全管理职责
IT战略本部	国家整体信息安全战略制定，各下级机构整体组织协调。
内阁秘书处IT部门	内阁负责统筹和协调IT和信息安全事务的部门。
信息安全策略委员会	负责制定信息安全政策。各个政府机构在信息安全策略委员会的指导下与国家信息安全中心协同，执行有关政策。
国家信息安全中心	国家信息安全中心承担着改进日本政府各部门网络安全措施的任务，其主要人员是信息安全顾问，国家信息安全中心在顾问的指导下，承担着以下职责：一是解释复杂的技术问题；二是将技术和管理问题转化为政策和指令；三是协调涉及新网络安全措施的政治辩论。
首席信息安全官会议	定期的事务性会议，与各政府机构信息共享与事务协调。
关键基础设施专委会	制定关键基础设施信息安全战略与政策，负责与关键基础设施管理者和维护者协调信息安全保障措施，落实相关政策。
技术战略专委会	制定信息安全技术战略与实施路径，与大学、研究机构、企业等协调技术战略实施。
启迪与教育专委会	制定信息安全教育相关战略与政策，与基础教育、社会教育、公司、大学等协调，落实教育政策。
防卫厅	组织反网络攻击相关技术的研究。
总务省	整合高性能的反恐怖网络安全系统。
经济产业省	负责提供有关非法接入和计算机病毒等相关信息。

数据来源：赛迪智库，2014年3月。

（三）具有较强的协调能力

日本逐渐形成了有效而稳定的信息安全组织架构，具有较强的协调能力，突出表现在该组织架构的权力体系及与其他政府机构的合作机制上。

在权力体系方面，IT战略本部由首相直接领导，辅助首相进行领导的包括文部科学大臣、内阁官房长官、总务大臣和经济产业大臣，其他成员还包括其他各省的大臣与专家共10人。内阁秘书处IT部门的负责人是负责内政的内阁官房长官助理秘书。信息安全策略委员会的主席是内阁官房长官，值班主席是文部科学大臣，其他成员包括国家公安委员会委员长、总务大臣、经济产业大臣、防卫大臣等10人。国家信息安全中心的负责人是负责风险与安全的内阁官房长官助理秘书。可以看出，日本对信息安全高度重视，信息安全组织架构由首相牵头，关键省厅的负责人担任具体事务领导，所有省的大臣都参与其中，从授权体系上来说可以迅速调动整个政府的最大能力。

在合作机制方面，信息安全组织架构具有组织各省厅负责人沟通合作的能力。具体合作和协调机制为：首相负责统筹领导；4个关键省厅（警察厅、总务省、经济产业省、防卫省）的负责人与国家信息安全中心协作，负责组织协调各自职责范围内的信息安全应对能力，同时负责处理国内商业和个人相关的信息安全事务；国家信息安全中心负责与管理关键基础设施的政府部门协调合作，共同保障关键基础设施的信息安全，同时，国家信息安全中心还负责处理政府机构的信息安全事务。

二、法律法规

（一）形成了较为完善的信息安全法律体系

日本作为亚洲信息技术最先进的国家之一，十分重视自身的信息安全，从20世纪80年代起即开始逐步建立和完善其信息安全法律体系。在信息安全法律体系的建立上，采用制定颁布新的法律和对已有法律进行修订两种方法相结合的方式进行。如表18-2所示，日本与信息安全相关的法律有主要包括《刑法》、《电子签名法》、《电子合同法》、《反垃圾邮件法》、《个人信息保护法》等。

表 18-2　日本信息安全法律体系

类别	具体法律
应用领域信息安全	2000年，特定电子商务法
	2001年，电子合同法
	2003年，色情网站管制法
	2003年，交友类网站限制法
	2004年，促进内容创作、保护及应用法
电信及互联网安全	2000年，高速信息通讯网络社会形成基本法
	2001年，网络服务商责任法
	2002年，反垃圾邮件法
密码管理及应用	2000年，电子签名法
个人信息保护	2005年，个人信息保护法
打击网络犯罪	1987年，刑法增加互联网相关内容
	1999年，禁止非法链接法
	2000年，禁止不当存取行为法
	2003年，电波法修订
	2011年，刑法修正案

数据来源：赛迪智库，2014 年 3 月。

（二）重点法律评析

1.《电子签名法》

2000 年日本国会审议通过了《电子签名法》，并于次年 4 月 1 日起开始生效。日本《电子签名法》确立了几项基本原则，一是保证交易的安全性和可预测性。二是确保中立原则。三是实行认证使用者的自治原则。日本《电子签名法》的主要内容，一是对电子签名作出明确界定。二是明确规定了具有法律推定效力的电子签名。三是明确界定了电子认证业务。四是规定了认证机构的主要职责和业务范围。五是设定了认证机构应满足的标准和条件。六是确定了电子认证核查机构应满足的标准。七是规定了电子公证制度，明确了原始信息记录的保存和证明办法。八是明确了公证人电子认证的法律效力。日本《电子签名法》的制定参考了联合国《电子商务示范法》和其他国家已有的电子签名相关法律，比较符合日本信息产业发展实际情况，配合出台的配套法律法规，形成了日本的电子签名法律体系。

2.《个人信息保护法》

2002年3月，日本议会通过了《个人信息保护法》，2005年4月，《个人信息保护法》开始全面实施。《个人信息保护法》是日本关于个人信息保护的基本法律，它的宗旨是加强个人信息的有效利用、提高个人信息保护。《个人信息保护法》确立了保护个人信息的基本原则及方针，明确了国家与地方政府机构、公共团体及私营企业等在使用个人信息时的责任和义务。《个人信息保护法》的主要内容，一是规定了国家与地方政府机构、公共团体的责任和义务。二是制定了个人信息保护的策略。三是规定了涉及个人信息采集与处理相关方的义务。四是规定了法律适用的例外。五是规定了罚则。《个人信息保护法》的出台使得个人信息的定义和范围有了明确的法律解释、各方相关的权利和义务也有了明确的规定。随着信息技术的发展和大量应用，个人信息保护问题越来越突出，该法为个人信息保护建立了法律纲领。

（三）国际合作将促进立法完善

近年来，日本除2011年刑法修正案外，在信息安全立法方面基本没有大的动作，立法进程相对缓慢。值得一提的是，2013年日本申请加入亚太经合组织（APEC）跨境隐私规则体系，该体系对信息安全法律机制有一定要求，可能会刺激日本的相关立法进程。

2013年6月7日，日本政府申请加入亚太经合组织跨境隐私规则体系，该体系是在2011年11月夏威夷APEC领导人非正式会议上通过建立的，旨在保护亚太地区市场27亿消费者及其在电子商务中的隐私，并促进区域隐私政策的兼容，减少亚太地区的监管合规成本。

亚太经合组织将对日本的申请进行审查，确定日本有必要的法律机制来保证通过跨境隐私规则体系认证的日本公司是合规的。如果获得批准，日本将成为继美国和墨西哥之后加入该体系的第三个国家。加入该体系后，日本公司将能够申请批准其跨境隐私规则。

三、标准规范

（一）具有规范的标准制定流程

根据日本工业标准化法律，日本成立了工业标准调查会，该调查会是日本的全国性标准化管理机构，其主要任务包括组织制定和审议日本工业标准（JIS）、调查和审议与 JIS 标准相关的技术项目和产品。调查会还是日本政府各省部在工业标准化方面的咨询机构，经调查会审议通过的 JIS 标准由各相关省部的主管大臣代表中央政府批准公布。

工业标准调查会负责审议工业标准相关的事项，对于没有特定委员会专门负责的特殊事项，会指定临时委员负责事项的调查和审议，审议结束后，临时委员随即退任。调查会由总会、标准会议、分会和专业委员会构成。标准会议是调查会的最高管理机构，负责整体规划的制定、对调查会的重大问题进行审议、对分会的设置与撤销进行审查、协调分会之间的工作，以及确定各专业委员会设立。分会的设立按照不同的工业领域，包括土木、建筑、钢铁、信息技术、能源等分会。各分会又按照其负责的领域细分，设立多个专业委员会，并对下属专业委员会进行管理，协调专业委员会之间的工作，对专业委员会提交的 JIS 标准草案进行终审。专业委员会负责 JIS 标准的制定及实质性审查工作。

（二）形成较为完备的标准体系

在信息安全标准体系建设上，日本以参照国际电工委员会（IEC）及美国国家标准为主，逐渐形成了较为完备的标准体系。日本信息安全标准可分为管理规范、技术规范以及其他规范几类。技术规范又可细分为 PKI 技术规范、密码算法技术规范等。其他规范包括了信息安全基本词汇、信息设备安全规范、商用信息交换语法等内容。总体上，日本形成了涵盖信息安全各个领域的较为全面的标准体系。日本政府和企业也积极参与国际标准组织的活动，如积极参与 ITU、ISO、IEC、3GPP 等国际标准组织的标准制定，并将相关标准引入日本国内。

（三）信息安全标准建设的最新进展

日本政府对自身信息系统的信息安全标准化建设十分重视，出台了一系列安全标准规范政府信息系统信息安全建设，该系列最新制定的重要标准是由信息安全策略委员会制定并于 2012 年 4 月发布的《中央政府计算机系统信息安全测量管理标准》和《中央政府计算机系统信息安全测量技术标准》。这两个标准充实完善了政府计算机系统信息安全标准系列，有助于规范政府信息安全体系建设。两个标准从组织结构、角色、操作、评估、审计等方面规定了日本中央政府计算机系统信息安全测量应符合的技术和管理标准。

四、技术创新

（一）具有良好的技术创新环境

1994 年，日本提出"科学技术创造立国"的口号，强调要摒弃模仿与改良的发展方式，加强基础科学和高技术研究，力争突破并达到世界领先地位。1995 年，日本颁布了《科学技术基本法》，该法是日本关于科技立国的一部根本大法，首次确定了日本的科技发展战略，即"科学技术创造立国"，并以法律的形式固定下来。该法还明确了日本科技发展战略的目的，即"促进日本社会和经济的发展，推动国家的福利事业、科技发展以及人类社会的可持续发展"。《科学技术基本法》提出了加强科技发展的具体规划，明确了政府要对科技发展进行积极的支持和引导，保证科研经费投入，并从基础设施、人才、信息等方面大力提供支持，营造科技发展良好环境。

日本政府通过政策、经费等方式鼓励与引导企业与大学、研究机构等合作进行技术创新研究，形成了政府推动、企业、大学、研究机构相结合的科研体系，如图 18-2 所示：

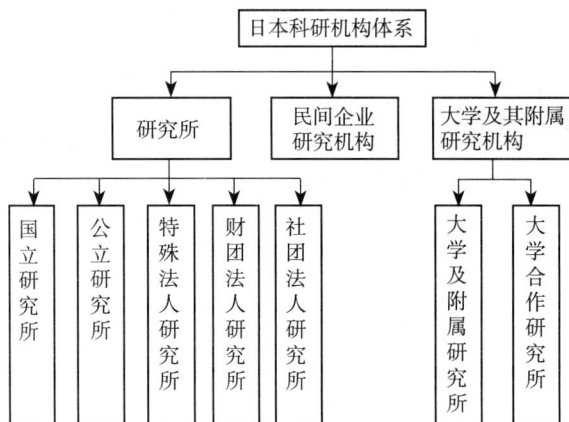

图18-2 日本科研机构体系

数据来源：赛迪智库，2014 年 3 月。

（二）技术创新不够活跃

日本的技术创新能力相比美国，还有很大的差距，近年来技术创新乏力。日本政府及民间企业在观念上相对比较保守，教育体系也缺乏鼓励创新的氛围。日本科研在基础研究上还不够重视，投入不足，日本企业的发展策略也大多是在现有基础上的改进。在信息安全领域，日本本土企业不够强大，本土信息安全市场基本被美国、欧洲厂商占据，甚至中国、印度等发展中国家的信息安全厂商也开始登陆日本，抢占市场。

（三）技术创新处于国际中等水平

日本的 IT 产业相当发达，处于世界较先进水平，日本在电子芯片、存储设备、消费电子、液晶面板等领域居于世界前列。但总体上日本的创新能力不足，尤其在信息安全领域，没有大的建树，基本上处于跟随、模仿美国的阶段，日本的信息安全厂商除了趋势科技之外，没有具有较强国际竞争力的和较大规模的企业。总体来看，由于深厚的 IT 产业基础，日本信息安全技术创新能力处于国际中等水平，但相对于发展中国家，日本具有人才、资金、技术等优势，还处于一定领先地位。

五、人才培养

（一）人才培养体系较为完善

日本形成了以高等教育为主的信息安全人才培养体系。日本人才教育体系发达，有大学 783 所，其中国立大学 80 多所，公立大学 70 多所。日本信息安全人才培养体系的架构是以公立大学为主、以私立大学为辅。一方面，日本国立、公立的综合性大学基本都设有信息安全相关专业，如著名的国立日本大学、东京大学、早稻田大学等。另一方面，日本还有一些私立大学，专注于信息安全人才培养，如 2004 年成立的日本信息安全大学院大学，是一所只设研究生院的大学，课程有密码、网络、系统技术、运营管理、法制及伦理等，致力于为社会输送安全设计的骨干、安全技术的研究开发人员、培养信息技术、商务所需要的优秀人才。到 2011 年度为止，已培养 208 名硕士生、20 名博士生。大学在日本文部科学省"研究与实践结合培养高度信息安全人才项目"的支持下，还与众多的企业合作建立了信息安全的优秀人才认证制度。

（二）加强信息安全人才培养

日本政府对信息安全人才状况调查后认为，信息安全人才的数量不足、质量不高，在信息安全人才的培养上远远落后于美国和欧洲，需要大力加强信息安全人才培养，改变落后的被动局面。据日本信息安全策略委员会于 2013 年 6 月发布的《网络安全策略》，日本信息安全人才现状为：从事信息安全行业的人员有26.5 万人，存在人才缺口约 8 万人；在 26.5 万信息安全从业人员中，其知识技能水平满足工作要求的仅有 10.5 万人，其他 16 万人需要接受额外的培训才能满足岗位要求。针对这一现状，日本政府推出一系列信息安全人才培养措施。日本政府在《网络安全策略》中提出大量推动信息安全人才培养的措施，如在信息安全策略委员会下设立信息安全人才宣传与启蒙专家委员会，负责制定国家信息安全人才培养策略等。此外，日本政府还注意加强信息安全人才培养方面的国际合作，如与美国在反黑客方面合作，召开了"日美网络安全会议"，共同商讨反黑客问题，交流反黑客经验和技术，并派人到美国接受反黑客培训，建立自己的反黑客队伍。

（三）重点人才培养计划进展

日本推出了许多信息安全人才培养计划，涵盖专业人才培养、信息安全教育普及、特殊人才选拔等方面。

在专业人才培养方面，文部科学省从 2007 年起开展了"研究与实践结合培养高度信息安全人才项目"，与 3 所大学和 11 家企业联合进行信息安全人才的培养与科学研究。

在信息安全教育普及方面，日本于 2011 年 7 月发布了《信息安全普及与启蒙计划》，该计划明确了推广信息安全普及教育的机制和具体措施。该计划将普及"信息安全文化"作为工作目标，提出在信息安全策略委员会下设立"启迪与教育专委会"、持续开展并加强"信息安全月"活动、在学校开展多种形式的信息安全教育、加强"中小企业信息安全指导者培养讲座"、强化国际合作等措施。

在特殊人才选拔方面，日本政府推出培养"正义黑客"的计划，希望通过政府与民间的合作，保护企业和各类组织的信息安全。该计划已开展了多项相应的行动，如 2013 年 5 月日本在宫城县建设了"正义黑客"培养场所、在全国主要城市举办了 400 多人参加的黑客技术大赛；2013 年 8 月在千叶县主办了培育年轻信息安全人才的大本营活动等。另外，日本警察厅也宣布支持 2013 年 6 月的黑客大赛"SECCON 2013"，希望通过协助办赛提高该领域的人才水平，发掘需要的人才。

六、经费支持

（一）科研投入较大

日本科研经费支出相当可观，长期以来，日本科研经费支出占 GDP 比率居世界前列，超过美国。2012 年，日本科研预算合 1618 亿美元，占 GDP 比率 3.5%。日本科研支出较高与日本 20 世纪八十年代提出科技立国的国家战略有关，日本十分强调科学研究，培养优秀科技人才。2011 年 2 月 15 日，"日本政府综合科技会议"制定方案，计划用 25 万亿日元来实施即将开始的"第四期科学技术基本计划"。方案建议 2011 年至 2015 年期间，每年用于研究开发的经费为 5 万亿日元，保证占 GDP 的 1%，与 2006 年至 2010 年实施的"第三期科学技术基本计划"持平。

（二）企业注重科研投入

日本政府注重和鼓励产学合作，实施了旨在促进科技成果产业化、创立新产业的资金优惠和政策优惠措施，这些都对增强企业的技术创新与研发能力起到了巨大的推动作用，随着企业技术创新与研发能力的提高，其市场竞争力和盈利能力大大提高，这反过来也提高了企业在科研投入上的重视程度，形成良性循环。长期以来，日本企业形成了重视科研的传统，从日本科技研发投入的来源看，日本企业的科研经费投入较国家投入更多，长期占日本总投入的 60%—70%。

（三）政府重视信息安全投入

近年来，日本政府对信息安全投入越来越重视，在预算中专门规划了信息安全方面的内容。日本政府 2013 财年信息安全相关预算总计为 315 亿日元。其中警察厅的预算为 24 亿日元，主要用于以下目的：提高针对网络犯罪的响应能力；提高针对国家和关键基础设施的网络攻击的响应能力；扩展国际合作；提高 IT 技术方面的分析和法律执行能力。内务和通讯部的预算为 36.6 亿日元，用于针对新型网络攻击的安全环境建设。经济贸易和工业部的预算为 21.5 亿日元，用于信息安全提升计划和安全认证与教育。国防部预算为 212 亿日元，主要用于"网络卫士"（暂定名）部队建设（约 100 人）、网络监控设备购买以及日美联合网络战演习。

第十九章　俄罗斯

一、组织架构

（一）组织体系较为完备

俄罗斯非常注重信息安全组织体系的建设，已将其提到国家战略高度，目前形成较为完整的组织架构。俄罗斯重点保护国防、政治、经济、科学技术、司法、信息通信系统等方面的信息安全，基于重点保护对象，俄罗斯设置相应的信息安全管理部门并规定其职责范围。俄罗斯信息安全组织包括俄联邦政府、俄联邦安全委员会、俄联邦对外情报局、俄联邦科技委员会、俄联邦通信与信息部、俄联邦国防部、俄联邦安全局、俄联邦保卫局、俄联邦技术和出口控制局等一系列机构，见图19-1所示。

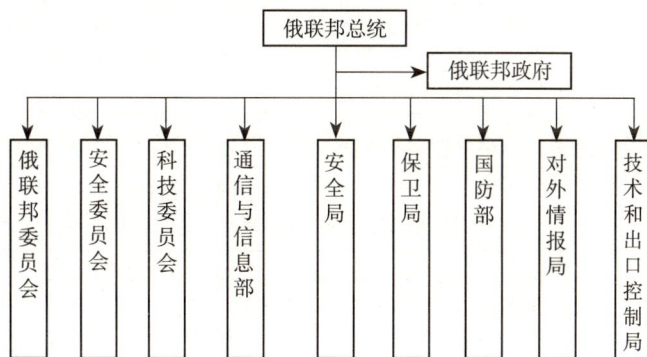

图19-1　俄罗斯信息安全管理组织架构图

数据来源：赛迪智库，2014年3月。

为推动信息安全的进一步发展，2013年俄外交部将成立一个专门负责互联网和信息安全的部门，其主要任务是推动俄提出的互联网行为规范，维护网络空间的安全。该部门打算成立国际信息安全司，主要任务包括推进俄外交部和安全会议起草的《联合国保障国际信息安全公约草案》，以及上合组织成员国倡导的网络行为规范；在欧安组织框架内和双边机制中拟定增进网络空间信任的措施；在国际平台上坚持俄罗斯对网络管理的主张（首先是争取国际社会承认主权和不干涉别国内政的原则也适用于互联网领域）。

（二）组织机构职责清晰

俄罗斯政府为落实其国家的信息安全政策法规，建立了一系列分工明确、职权清晰的信息安全部门，如下表19-1所示。

表 19-1　俄联邦信息安全管理部门一览表

政府部门	信息安全管理职责
俄联邦总统	领导、批准、实施俄联邦信息安全保障活动。
俄联邦政府	协调联邦权力执行机构和俄联邦主体权力执行机构的活动，并在按规定方式制定联邦预算方案的同时考虑联邦信息安全规划所必需的资金支出。
俄联邦委员会	根据俄联邦总体和政府的名录建立俄联邦信息安全保障领域的立法基础。
俄联邦安全委员会	查明并评价俄联邦信息安全威胁，积极筹备有关预防这些威胁的俄联邦总体决定草案，研究俄联邦信息安全保障领域的建议及有关细化某些原则的建议，协调俄联邦信息安全保障机构和部队的互动，检查俄联邦权力执行机构和俄联邦主体权力执行机构实施俄总统决定的情况。
俄罗斯科技委员会	负责俄罗斯信息安全标准、信息安全评估及信息安全检验。
俄联邦通信与信息部	负责产业计划和规划，落实国家政策和监管电信部门，紧急情况下恢复通信网络，负责协调开发国家IT基础设施的工作。
俄联邦安全局	国家安全管理机关，信息安全的主管及执法机关。规划和落实有关信息安全的国家和科技政策，保护国家机密和俄罗斯及其驻外机构的加密、涉密的通信系统。
俄联邦保卫局	履行落实国家政策法规的行政。
俄联邦国防部	俄罗斯国内统辖武装部队的政府部门。俄罗斯国防部长为名义上的武装部队首脑，受总统领导。

（续表）

政府部门	信息安全管理职责
俄联邦对外情报局	受总统和政府直接领导，负责国外的情报搜集，其工作对象和范围主要在国外，为社会安全服务。
俄联邦技术和出口控制局	听命于俄罗斯联邦总统和国防部，负责确保ICT系统重要信息的安全；打击外国技术间谍在国内的活动；确保通过保护国家机密信息和其他数据；出口控制。

数据来源：赛迪智库，2014年3月。

（三）组织协调能力较强

俄联邦总统领导、批准、实施俄联邦信息安全保障活动，重大问题的政策和措施则由联邦总统直接发布命令颁布执行。俄联邦政府在协调方面起着积极的作用，协调俄联邦权力执行机构和俄联邦主体权力执行机构的活动，俄联邦安全委员会则协调俄联邦信息安全保障机构和部队的互动，检查俄联邦权力执行机构和俄联邦主体权力执行机构实施俄总统决定的情况。俄联邦权力执行机构保障俄联邦立法、联邦总统及政府命令在信息安全领域中的实施，制定该领域的规范法律条文并按规定方式将其递交给俄联邦总体和政府。国防部、内务部、对外情报局等机构密切合作，确保国家信息安全保障任务的完成。各组织之间各自分工相互协调，由俄罗斯联邦总统统一管理。

二、法律法规

（一）法律体系完善

俄罗斯非常重视信息安全法律制定，以宪法为依据，以《信息、信息技术和信息保护法》为法律基础，以《俄罗斯国家安全构想》、《国家信息安全学说》和《2020年前俄罗斯国家安全战略》为法律指导，并以具体法律法规为支撑，在信息安全领域形成了较为完善的法律体系。其中，《信息、信息技术和信息保护法》主要是解决信息安全领域战略性问题及共性共通性问题。其它法律范围涵盖国防、经济、外交、科技等领域的法律法规有《安全法》、《电子商务法》、《电子数字签名法》、《国际信息交换法》、《信息保护设备认证法》等法律规范。俄罗斯的信息安全法律法规相辅相成，构成了统一的整体。

（二）重点法律评析

1.《俄罗斯联邦宪法》

1993 年 12 月 12 日通过《俄罗斯联邦宪法》，《俄罗斯联邦宪法》针对信息安全问题做出明确规定。《俄罗斯联邦宪法》第二十三条规定，俄罗斯公民和家庭拥有隐私权，通信、邮递等隐私受俄罗斯联邦法律保护。第二十四条规定，在法律许可范围内，俄罗斯联邦国家权力机关和地方自治机关的公职人员均可接触其职权范围内的文件与资料。宪法第二十九条规定，保证信息自由，允许通过合法手段自由搜集、获取、传递、制造和传播信息的权利。宪法第四十二条规定，公民对环境现状的可靠信息享有知情权，信息权利可通过印刷技术手段实现，在现代条件下保障网页的信息安全。

2.《信息、信息技术和信息保护法》

为适应俄罗斯信息化的发展，保护信息主体的信息权利，保障国家信息安全，1995 年 2 月俄罗斯颁布了《信息、信息化与信息保护法》。2006 年 7 月，国家杜马在此法律的基础上重新颁布《信息、信息技术和信息保护法》，此法成为俄罗斯信息安全立法的基础，是专门讨论信息安全问题的基本法。此法律的原则是：只有联邦法律可以限制对信息的获取；国家机构和地方自治机构业务信息应公开，并可自由获取；可通过合法手段自由地搜集、获取、传递、生产和传播信息。此法律界定信息安全的相关概念，如信息技术、信息通信网络、信息访问、信息隐私等；此法律关注信息获取权、隐私权等问题，保障了俄罗斯公民及组织权利。

（三）法律制度进一步完善

俄罗斯为进一步完善信息安全的法律制度，修订了一系列法律法规。俄罗斯进一步增加和强化了个人信息保护内容，2013 年 5 月 8 日，总统普京签署了《关于修改俄罗斯联邦某些立法文件和个人信息法》。此外，俄罗斯进一步保护自治组织的信息安全，2013 年 6 月 9 日，总统普京签署了《关于修改涉及保障自治组织信息开放性问题的俄罗斯联邦某些立法文件》的联邦法律。2013 年俄罗斯特别增强对未成年信息安全的立法，2013 年 4 月 8 日，总统普京签署了《关于修改涉及限制作为违法行为（不作为）受害者的未成年人的信息传播的俄罗斯联邦某些立法文件》。2013 年 6 月 11 日，俄罗斯国家杜马审议并通过《有关保护儿童树立传统家庭价值观〈保护儿童免受对健康和发育有害信息法〉及其他相关法修正案》，此法律修正案规定，利用广播、电视、互联网等手段传播非传统性关系的行政违法行为将比以传统手段传播非传统性关系的行政违法行为受到更严厉的惩处，最高罚款额达到 100 万卢布。

三、标准规范

（一）形成了一系列信息安全标准

俄罗斯根据国家信息化发展的需要，在计算机系统安全、网络安全、软件安全、数据库信息安全方面形成了一系列的信息安全标准。计算机系统安全方面制定了《计算机系统安全评估标准》、《独立的分系统安全评估标准说明》、《特殊环境下计算机系统安全评估标准使用指南》，网络安全方面制定了《网络安全评估标准说明》，软件安全方面制定了《产品安全评估软件》，数据库安全方面制定了《安全数据库控制系统评估标准说明》。

此外，俄罗斯采用 GOST 系列的国家密码算法标准，在国家和军队的加密标准方面形成了一系列信息安全标准，主要形成三大类密码算法的国家标准：第一类国家标准是数据加密标准（GOST 28147-89）；第二类国家标准是杂凑函数标准（GOST R 34.11-94）；第三类国家标准是数字签名标准（GOSTR 34.10-94 和 GOST R 34.10-2001）。

（二）重点信息安全标准评析

1. 数据加密标准 GOST 28147-89

数据加密标准 GOST 28147-89 采用的算法是 GOST 分组密码算法，GOST 算法属 Feistel 网络结构。它有 256 位密钥,若将盒置换保密,它将有 610 位秘密信息,因此是一个比较安全的算法。GOST 标准文档有 ECB 模式、CFB 模式、OFB 模式、CBC 模式四种推荐的加密模式。GOST 28147-89 标准不仅适合软硬件，而且还提供可变安全级别，因此该算法在民用加密及典型的军事通信中广泛被应用。

2. 杂凑函数标准 GOST R 34.11-94

杂凑函数标准 GOST R 34.11-94 采用 GOST 杂凑函数，该杂凑函数生成 256

位杂凑值，其算法包括三个基本运算模块，即密钥产生、加密、置换，在迭代过程中使用基本运算模块生成杂凑值。

3. 数字签名标准 GOST R 34.10-94 和 GOST R 34.10-2001

数字签名标准 GOST R 34.10 94 基于俄罗斯的 DSA GOST 34.10，杂凑运算运用 GOST R 34.11-94 中选定的杂凑函数，生成 512 位签名。与 NIST DSA 算法相比，GOST R 34.10-94 算法运行速度虽然较 NIST DSA 算法慢，但该算法可用于盲签名和群签名且能抵抗蛮力攻击。数字签名标准 GOST R 34.10-2001 属第二代密码应用体系，该标准产生 512 位签名，常用于俄国的密钥交换协议中。

（三）信息安全标准的进展

俄罗斯的国家标准密码算法标准是俄罗斯自主密码算法，自成体系，安全性高、保密性强、。现在俄罗斯的 GOST 系列密码算法正在向国际标准化迈进。目前 GOST 密码算法系列标准已被 NWG（Network Working Group）纳入 Internet 密码算法应用中。俄罗斯主流密码模块在本国和国际上都具有重要的研究价值，其密码算法不断向国际标准迈进。

四、技术创新

（一）自主创新自成体系

俄罗斯在信息安全技术发展方面，自主创新自成体系，尤其关注芯片和操作系统的研发。俄罗斯在芯片设计方面，技术独特，已达到国际领先水平。俄罗斯的操作系统是大学和科研机构重点攻关项目，俄罗斯特别强调数学模型，圣彼得堡技术大学在基于信息安全的数学模型基础上，研制出具有自主知识产权内核的高安全等级操作系统，减少病毒和黑客的侵犯。在与国际产品的兼容上，该操作系统的内核是独立的，只局限于外层的功能调用，因此具有较高的安全性。

（二）以边界安全创新为特色

俄罗斯的信息安全技术以边界安全为特色，在防病毒软件方面位居世界前列。VPN 技术产品、数据库防火墙等关键性的信息安全设备，已应用于政府、军队等重要部门。俄罗斯在反病毒技术方面具有自身独特的优势。由于俄罗斯高等院校的计算机和数学基础学科的优势为反病毒技术的研究奠定了坚实的基础，俄罗斯的卡巴斯基和 Dr.web 两家公司生产的防病毒软件在国际市场占有率方面已名列前茅。防病毒软件企业为俄罗斯政府的信息安全提供了强有力支持和保障，目前 Dr.web 公司在信息安全方面已成为俄联邦国防部指定的合作伙伴。

（三）信息安全技术创新取得一定进展

2013 年，俄罗斯信息安全技术取得一定的进展。2013 年 7 月，俄罗斯警方通过他们自行研发的间谍软件追踪手机 SIM 卡的相关数据，追踪逮捕犯罪分子，该产品能够读取地铁乘客手机数据，并在 5 米范围内能够追踪定位到 SIM 卡信息。2013 年 8 月卡巴斯基实验室发布针对邮件服务器安全解决方案——Kaspersky Security 8.0 for Microsoft Exchange Servers 的更新版本，该产品提升了多项功能，增加了对 Microsoft Exchange Server 2013 的支持，管理面板能够提供针对所有参数的集中管理，涵盖所有 Microsoft Exchanger 服务器，并增强了反恶意软件、反垃圾邮件和反钓鱼技术，新增了检测和拦截电子邮件中钓鱼链接的功能。

五、人才培养

（一）重视高等教育

俄罗斯一贯重视高等教育，经过高校培养出了一批高学历的信息安全人才，这些优秀人才具有独创性，成为俄罗斯在信息安全领域的重要优势。俄罗斯高等院校的计算机专业和数学专业具有较强的学科优势，培养出大量高素质的计算机人才。例如，圣彼得堡大学的学生曾在"世界计算机程序设计大赛"上，战胜了哈佛大学、斯坦福大学和麻省理工学院等美国大学的 IT 精英，取得了"世界计算机程序设计大赛"的冠军，而且一些大学生曾 5 次获得世界编程大赛的冠军，为俄罗斯提供高素质的信息安全人才。目前，欧美国家借助资金和技术的优势对俄罗斯信息安全人才进行争夺，导致俄罗斯 IT 人才外流，对俄罗斯信息安全的发展产生严重的影响。

（二）拥有高水平的专家队伍

俄罗斯大学和研究机构里的设施较为先进，而且拥有信息安全领域的国际水平的专家队伍。俄罗斯计算机信息处理领域具有优秀的人才，其学科水平已达到国际先进水平。例如，莫斯科大学数学系的领头人库多里采大教授是俄罗斯数学领域的权威人士，善于软件梳理分析，莫斯科大学数学系汇聚了多名世界一流的年轻数学家。

（三）着重信息安全国家队建设

俄罗斯非常重视信息安全国家队的建设。2013 年，俄国防部从高校大规模招募年轻的编程员建立俄罗斯信息安全"科技连"，旨在研发新软件，满足俄罗斯军方的应用需求。俄罗斯"科技连"首先从地方高校招收 35 名士兵，为满足俄罗斯军方开发所需软件，近 5 年俄罗斯军队需要大量计算机编程人才，沃罗涅日军事科技中心将建立首个"科技连"，该中心拥有设备完善的实验室，可以为海军、航空、航天等领域的科研机构培养信息安全人才。未来，俄罗斯还将在各个军兵种中推广成立"科技连"。

第二十章 印度

一、组织架构

（一）初步形成了组织体系

印度非常注重信息安全，已组建形成较为完整的信息安全组织架构。信息安全机构主要包括：国家信息委员会、国家信息委员会秘书处、国家危机管理委员会、内务部、国防部国防 CERT 中心、通讯与信息技术部的信息技术部、电信部、国家信息基础设施保护中心、国家灾害管理局。

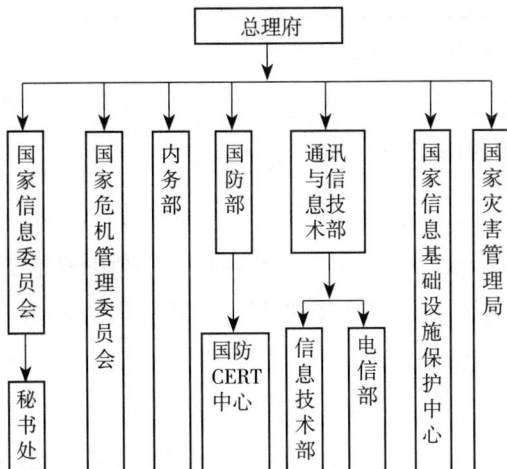

图20-1 印度信息安全管理组织架构图

数据来源：赛迪智库，2014 年 3 月。

（二）组织分工较为明确

为执行落实国家信息安全政策措施和法令法规，印度政府设立了一系列分工明确、职权清晰的专门机构和组织。

表 20-1　印度政府信息安全管理部门一览表

政府部门	信息安全管理职责
国家信息委员会	宣布国家信息安全和信息安全管理协调方面的政策。
国家信息委员会秘书处	调查印度政治、经济、能源和战略安全领域问题的尖端机构。
国家危机管理委员会	应对重大危机事件的尖端机构，同时也处理高密度网络攻击导致的国家危机。
内务部	不定期地出台用以保护网络安全设施的安全指南。
国防部国防CERT中心	确保国防网络的正常运转。
信息技术部	负责处理电子和IT发展及政策方面的问题。
电信部	负责与所有因特网服务供应商（ISP）和服务供应商协商应对网络安全危机事件。
国家信息基础设施保护中心（NIIPC）	保护关键信息基础设施的指定机构，负责收集情报信息，密切关注包括国防部在内的战略部门中可能出现的网络威胁，撰写网络威胁评估报告。

数据来源：赛迪智库，2014 年 3 月。

（三）组织机构协调配合

印度注重国家信息安全，已形成较为完善的组织架构，并且各组织之间相互配合。国家信息委员会是一个尖端机构，负责宣布国家信息安全和信息安全管理协调方面的政策，由国家安全顾问领导。国防部国防 CERT 中心，负责配合国家 CERT，确保国防网络的正常运转。计算机安全应急响应组使国防部、财政部（IDRBT）、铁道部、石油天然气部门等不同部门的 CERT 与国家 CERT 合作，就最新威胁和预防措施交换信息，以便消除影响部门正常运作的危机。网络响应中心负责监测国家网络，对将要发生的网络攻击进行预警，并对印度公共和私有网络用户及机构中出现的恶意攻击进行监测，与国际 CERT、部门 CERT、公共部门、私营企业、学术机构、互联网服务供应商和信息技术产品供应商保持合作关系。

国家信息基础设施保护中心促进情报部门、国防部和执法部门人员之间的信息流通，保护这些机构收集、分析和宣传情报信息的能力。

二、法律政策

（一）法律不断完善

印度信息安全最重要的法律法规是《信息技术法》，经过十几年的修订，该法律不断完善。印度政府于 2000 年颁布《信息技术法》，规定向任何计算机或计算机系统传播病毒或导致病毒扩散，以及对电脑网络系统进行攻击或未经许可进入他人受保护的计算机系统等行为，都构成网络犯罪。《信息技术法》为印度网络监管提供法律依据，因此，印度成为世界有信息技术立法的国家。印度政府于 2008 年修订此法案，将移动通信纳入监管范围，并规定，对在网上散布虚假、欺诈信息的个人将处以罚金或最高判处三年有期徒刑，此法案还对网络恐怖主义作了明确界定，对那些客观明知或主观故意，利用计算机技术破坏印度领土完整、主权统一、国家安全或对人民实施恐怖行为的个人或团体，将判处有期徒刑甚至终身监禁。印度政府于 2011 年再次修订《信息技术法》，重点针对规范网站的管理，并且此方案规定政府有关部门有权查封可疑网站并删除其内容。为适应印度信息化的发展，印度同时对已有的《刑法典》、《证据法》、《金融法》等法律进行适度的修订。

（二）重点法律分析

《信息技术法》是印度信息安全的基本法。为从立法层面规范网站的运行，印度于 2011 年再次修订《信息技术法》。新法案规定：印度通信与信息技术部有权查封网站和删除网站内容，网站运营商须告知用户不得在网站发表有关煽动民族仇恨、威胁印度团结与公共秩序的内容；网站在接到政府有关部门通知后应在 36 小时内删除不良内容，否则网站所有者将面临长达 3 年的监禁。此外，新法案对网吧经营活动也作出了具体的规定，网吧业主须保留客户所访问的所有网站为期一年的日志，并要求客户在上网前出示如护照、选民证、驾照等身份证明。网吧的所有电脑应配备安全与过滤软件，以避免用户对淫秽、色情、恐怖主义等网站的访问。

（三）法律法规的最新进展

2013年印度高度重视信息安全，继续加强信息安全法律法规建设。2013年7月2日，印度通信和信息技术部公布了《国家网络安全政策》。该政策明确了未来五年印度网络安全的目标和行动方案，旨在构建一个网络安全总体框架，为政府制定保护网络空间的措施、为企业和用户有效维护网络安全提供指导。《国家网络安全政策》是政府"雄心勃勃的社会转型计划"和印度经济发展的重要支撑。该政策的一个显著特点就是建立了一套针对网络威胁的信息获取、响应和处理机制。该政策不仅针对政府和大型企业，而且也针对家庭用户，期望通过各方的共同努力加强国家的网络安全。

三、技术创新

（一）拥有良好的技术创新环境

印度拥有良好的信息安全和知识产权保护环境。为保障信息安全，加强政府管制，印度政府专门出台了《信息技术法》，使印度成为第12个有此类法律的国家，对非法进行复制软件、篡改原文件、伪造电子签名等违法行为规定了具体的惩治条款，从而创造了良好的知识产权保护环境，为信息安全技术创新提供良好的氛围。

（二）政府重视程度加强

印度政府对信息安全的重视程度不断加强，特别加大对本土信息安全产品的保护，在印度政府出台的《国家网络安全策略》中指出，由于进口的高科技产品可能带来的威胁至关重要，因此发展本土信息化产品十分重要。该策略表示："研发的本土化是国家信息安全措施的重要组成部分，首先是因为发达国家对尖端产品设定了出口限制，其次是为了树立自信"。因此，印度将国产信息安全设备列入优先采购目标。

（三）自主研发核心技术

印度重视核心技术层面的自主研发。印度国防研究发展机构表示，印度正在研制一种新的操作系统，该操作系统能在很大程度上提升网络的安全性能，这将有效帮助印度的计算机系统阻止黑客入侵。在已经启动的项目初始阶段，印度在班加罗尔和新德里建立软件工程中心，印度科学院、马德拉斯理工学院、C—DOT 公司和其他高校以及私立学院都将会加入这项研究任务。这款正在开发的操作系统的软件代码和架构将归印度国防研究发展机构所有，尽管这仍是一款以 Windows 为内核和基础的操作系统，但却给印度提供了一种具有排他性和安全性能更高的操作系统。此外，印度政府已着手设计开发一款名为"印度处理器"的产品，开发此产品的目的旨在避免军事、通信和航空系统采用商用处理器而产生的安全隐患。这说明印度政府对信息安全核心技术的重视程度不断加强。

四、人才培养

（一）拥有高素质的人才资源

印度拥有 IT 类的大学达 900 多所，根据 NASSCOM 统计，印度年均 IT 大学毕业生的绝对数量有 20 万人左右，且印度的技术人员稳定性好，大学与企业的衔接比较到位。目前印度具备大批擅长英语、能与国际有效沟通的技术人才，从事软件开发和服务的人才达 300 万人，其中 50% 以上在 25 岁以下。

（二）重视信息安全教育与意识的培养

印度加强信息安全教育与意识的培养。鉴于计算机用户、系统 / 网络管理员、技术开发员、审计员、首席信息官（CIO）、首席执行官（CEO）和企业信息安全意识不高，印度通过各种措施提高全民网络安全意识：一是加大教育和培训（如学校、大学和研究院开设 IT 安全课程）力度，满足国内信息安全需求；二是设计特定领域内的培训计划（如执法部门、司法部门和电子政务等），提高信息安全培训项目的效率；三是通过宣传活动提高民众对网络威胁的意识，如组织研讨会、展览和竞赛等；四是开展专项活动，促使儿童和小型家庭用户对信息技术的合理安全使用。

（三）加大安全技能的培训与认证

信息安全需要许多技能娴熟的专业人士来应对不同领域的具体问题。为了培训具备合适技能的信息安全专家，印度正在培养一批培训师并建立相应培训机构，以满足具体的培训需求，如安全审计、管理、信息保障和技术操作等。培训师和培训机构将对关键部门的专业人员进行培训和认证。这些专业人员包括：首席信息安全官（CISO）；系统操作和维护人员；网络安全专家；数字取证及安全危机事件响应分析员；信息安全执行者和审计员；网络漏洞分析师；技术引进员；同时通晓法律和技术的人才；执法部门。

企业 篇

第二十一章　赛门铁克公司

一、基本情况

赛门铁克（Symantec）公司成立于 1982 年 4 月，公司总部位于美国加利福尼亚州的库比蒂诺。赛门铁克在信息安全领域具有全球领先地位，赛门铁克为政府、企业、个人用户提供丰富的网络安全和内容安全解决方案，产品涵盖硬件和软件等方面。赛门铁克的安全解决方案帮助政府机构、团体、企业和个人确保信息的安全性、完整性和可用性。赛门铁克全球员工超过 17500 人，在全球 40 多个国家和地区设立了分支机构。赛门铁克是美国纳斯达克上市公司，市值超过 180 亿美元，2013 年第一季度，实现营收 17.5 亿美元，利润 1.88 亿美元；第二季度，实现营收 17.1 亿美元，利润 1.57 亿美元。

二、发展策略

（一）重视核心领域研发

为保持在市场中的领先地位，赛门铁克正聚焦并计划在如下核心领域中进行产品和服务开发：移动办公生产力（Mobile Workforce Productivity）、诺顿安全保护（Norton Protection）、诺顿云（Norton Cloud）、信息安全服务（Information Security Services）、身份 / 内容识别安全网关（Identity/Content-Aware Security Gateway）、数据中心安全（Data Center Security）、业务连续性（Business Continuity）、一体化备份（Integrated Backup）、基于云的信息管理（Cloud-based Information Management）以及对象存储平台（Object Storage Platform）。未来这些

产品和服务旨在满足三个关键的客户需求：提高客户生产力，在工作和生活中获得信息安全保护；保障企业的安全和合规性；使企业信息和应用保持正常运行状态。

（二）加强内部运营管理

为提高人员效率，改善公司运营，赛门铁克采取了一系列措施。为持续为客户提供价值，赛门铁克继续加大对研发及本地化创新的投资。在市场营销上，销售流程仍将继续高度依赖渠道合作伙伴来管理现有客户，使赛门铁克的销售人员能重点关注新业务开发。赛门铁克还将利用更多的战略资源与能力来加强营销团队，以加快对重要机会的关注和实现有机增长。公司还将着重赋予一线员工更多的权力、投入和决定权，以应对客户的日常需求。公司还削减部分高层和中层管理职位，降低员工数量、提高管理与决策效率。

（三）强化企业并购战略

赛门铁克的发展历程中，通过不断并购一些具有良好发展前景的创新型小公司来补充和发展自己的产品线是一个重要的发展策略。公司成立以来已成功并购了超过 20 家公司，最近 5 年来，赛门铁克的并购活动依然积极，例如，2008 年 6 月，以 1.23 亿美元并购网络备份服务商 SwapDrive 公司，并将其服务并入 Norton 360 安全服务中；2008 年 11 月，以 6.95 亿美元并购全球在线通讯安全领域排名首位的 MessageLabs 公司，巩固了其在通讯安全市场上的地位；2010 年 5 月，以 12.8 亿美元收购了 VeriSign 公司的身份识别业务，帮助赛门铁克提高网站身份识别和防御诈骗的能力。赛门铁克通过一系列的并购，将有创新性的产品纳入自己旗下，填补自己的产品空白或增强已有产品，不断强化和完善自身业务。

三、竞争优势

（一）强大的技术实力

赛门铁克是全球最大的软件公司之一，也是全球最大的信息安全厂商和服务商。赛门铁克具备强大的技术实力，始终保持行业领先地位并不断开发新的产品和技术，在全球拥有 1200 多项专利。赛门铁克成立了安全技术和响应中心，由优秀的安全工程师、病毒搜索专家、威胁分析员和研究人员组成，负责监测互联网的安全威胁形势，为赛门铁克全球用户提供基础安全技术和支持。赛门铁克还建立了研究实验室，负责赛门铁克各个业务领域领先技术的研究并推动将研究成果应用到产品中去，该部门先后推出业界领先的 rootkit 防护技术、反垃圾邮件技术、在线用户安全服务等。研究实验室还与大学、研究机构及其他企业合作进行创新技术的研发。赛门铁克还是许多行业标准组织的领导者或成员单位，参与了大量行业标准的制定。

（二）全球化的研发、营销与服务体系

赛门铁克公司全球用户数超过一亿，这些用户包括政府机构、跨国公司、服务提供商、教育机构、中小型企业以及个人，赛门铁克为客户提供了全面的网络安全产品、解决方案及服务。赛门铁克在多个国家和地区设有分支机构，在中国大陆、澳大利亚、新西兰、中国香港、韩国、马来西亚、中国台湾地区、印度设有分公司，在泰国及菲律宾设有办事处。赛门铁克为当地客户提供本地化的解决方案，并为客户量身定制个性化的服务，以满足客户需求。赛门铁克在包括澳大利亚、美国、英国、德国、日本等的多个国家设立了安全监控中心，监控全球网络安全态势。赛门铁克于 1998 年进入中国市场，2004 年在北京设立了第一个中国研发中心，2008 年在成都成立第二个研发中心，该研发中心还包括赛门铁克全球五大响应中心之一的中国响应中心，致力于监控本地网络安全威胁。赛门铁克中国研发中心的规模已经与欧洲、美国的研发中心相当。

（三）丰富的信息安全产品和服务

赛门铁克提供十分丰富的信息安全产品和服务，涵盖了信息安全的各个方面，其安全解决方案能为企业和个人提供全方位的保护。赛门铁克的安全管理解决方案括防火墙/VPN、入侵检测、安全策略管理、病毒防护/内容过滤等，这些产品基于开放标准架构，帮助用户全面了解其网络安全状况，并可提供主动防御和实时安全响应能力。赛门铁克针对个人的诺顿安全产品在桌面市场上居于全球领先地位，帮助家庭和个人用户保护抵御病毒或黑客的恶意攻击，为用户创造安全可靠的桌面环境。赛门铁克的企业管理解决方案可以帮助企业高效管理硬件和软件资源，提供企业范围的计划、跟踪和应用系统更新能力，包括软件发布、许可

管理、软件测量和灾难恢复等。

赛门铁克的安全服务综合了其先进的网络安全产品、专业的技术支持人员和全球范围的实时监测和响应能力，帮助保障电子商务网络的安全。赛门铁克的安全服务主要包括咨询服务、部署服务、安全托管服务、教育服务、预警服务、安全响应等。

第二十二章　瞻博网络

一、基本情况

瞻博网络（Juniper Networks）是一家在美国纳斯达克上市的网络通讯设备公司，创立于1996年2月，总部位于美国加利福尼亚州的桑尼维尔。瞻博网络主要供应 IP 网络及信息安全解决方案，在全球拥有十分广泛的客户群体。瞻博网络在全球共有超过9000名员工，市值超过100亿美元，2013年第一季度，实现营收10.6亿美元，利润9100万美元；第二季度，实现营收11.5亿美元，利润9750万美元。

二、发展策略

（一）注重技术产品创新

瞻博网络始终致力于提供创新的软件、芯片和系统，提升全球电信运营商、企业和公共部门的网络体验和经济性。

瞻博网络的 Junos 平台广泛部署于全球电信运营商、企业和公共部门的网络中，能够适应最苛刻的应用环境。Junos 平台包含一系列丰富的软件，其中包括 Junos Space 网络应用平台和 Junos Pulse 集成多业务网络客户端，它们采用相同的核心设计理念、集成方式和开发准则。Junos 平台的核心组件是强大的单一操作系统——Junos 操作系统，该操作系统降低了平台的整体复杂性，提高了网络运行效率，降低了维护成本。Junos 操作系统采用了创新的设计和开发方法——模块化的架构和单一源代码开发方法，具有很高的性能、可靠性、安全性、可扩展性。Junos 操作系统能够在瞻博网络的所有路由器、交换机和安全设备等硬件平台上运行，满足从客户端设备到数兆位核心路由器等多种环境的要求。

瞻博网络的 Junos One 处理器系列是瞻博网络的重要竞争优势之一，它创新性地集成了芯片和软件，来扩展高性能网络的边界。Junos One 系列依托瞻博网络在芯片、软件、系统和架构领域的丰富经验和投资，推出了业界第一个"网络命令集"，专为满足网络的大规模多维需求而设计。作为 Junos One 系列中的首款产品，Junos Trio 芯片组采用了革命性的 3D 扩展技术，使网络能灵活扩展，支持更高带宽、更多用户和服务，同时始终保持出色的性能。

（二）加强产业链协作

瞻博网络非常重视建立良好的产业生态环境，通过与合作伙伴的紧密合作实现共赢。瞻博网络支持合作伙伴对其硬件、软件、操作系统等产品进行定制化集成，通过这种方式，可以给用户提供更加灵活的解决方案，帮助瞻博网络及其合作伙伴的业务开拓，例如瞻博网络与迈克菲、微软、赛门铁克合作推出针对移动设备的安全软件，与 IBM 合作集成网络安全产品，与戴尔等企业合作在它们的产品里集成安全产品等。对于市场营销方面的合作伙伴，瞻博网络也推出了"合作伙伴优势计划"，具体措施有：一是通过学院、新的认证机会和在线销售工具，提供量身定制的销售和技术培训，帮助合作伙伴提高技能；二是为合作伙伴提供市场营销资料，提供"营销专家支持服务"，帮助合作伙伴赢得商业机会；三是对合作伙伴进行奖励，一方面对他们的先期投资予以补偿，另一方面对他们销售所取得的成果进行奖励，帮助他们推广瞻博网络的产品和服务。截至 2013 年初，和瞻博网络建立了合作伙伴关系的厂商和经销商已达 2500 多家，并且还在不断增加之中。

（三）重点发展云计算、移动互联网等新兴领域产品

瞻博网络十分关注云计算、移动互联网等新兴领域的商业机会，并积极研发相关的网络设备、管理产品和安全产品。

在云计算方面，瞻博网络于 2013 年 3 月推出 Junos Spotlight Secure 基于云的全球攻击者情报服务，能在设备层面上识别单个攻击者，并在一个全球性数

据库中进行跟踪。与当前使用的仅依靠 IP 地址的信誉体系相比，Junos Spotlight Secure 能为客户提供有关攻击者的更详细的安全情报，并能极大地减少误报。瞻博网络于 2013 年 5 月推出基于 SDN 的控制系统——JunosV Contrail 系统，该系统可以轻松融入现有数据中心，在不同客户端的 IT 架构和多个云平台中实现集中控制。该解决方案使网络虚拟化，以实现私有云和公共云环境间的无缝自动化和编排协调、基于 IP 网络和安全服务的弹性管理，并可以提供数据分析、系统诊断和统计报告。

在移动互联网方面，瞻博网络早在 2010 年 10 月即成立了全球移动威胁中心，为企业及消费者提供二十四小时不间断的服务来监测移动安全风险。该中心是首个致力于跟踪、应对及研究可能导致用户敏感信息泄露的移动设备安全威胁的机构。瞻博网络研发了一系列移动互联网相关的软硬件产品，如应用系列产品 JunosReady 软件、面向智能手机的移动安全软件 JunosPulse、Juniper 移动安全解决方案、Juniper 流量管理解决方案、Juniper 流媒体解决方案、Juniper 移动核心演进解决方案等，组成了瞻博网络的"移动解决方案框架"。目前，全球各主要移动运营商都部署了瞻博网络的移动安全解决方案。

三、竞争优势

（一）客户资源丰富

瞻博网络的客户遍及全球，涵盖各行各业，包括网络运营商、企业、政府机构以及研究和教育机构等。瞻博网络公司推出的一系列产品和解决方案，可以满足全球最大型、最复杂、要求最苛刻的关键网络对性能和安全性的要求。瞻博网络的产品和服务帮助其客户取得市场竞争优势，提高网络的安全性和性能，减少运营成本。

在中国，瞻博网络也拥有广泛的客户。瞻博网络为中国电信提供了高性能的宽带服务路由平台，支持 IPTV 和多种应用服务。瞻博网络的 T 和 M 系列路由平台为中国电信核心 IP 网络的扩充起到了重要的作用；瞻博网络还为中国移动提供了安全接入解决方案；瞻博网络产品还为中国教育和科研计算机网的发展作出了贡献。

（二）产品体系完整

瞻博网络提供市场领先的适用于整个网络的创新安全技术，其安全产品提供覆盖网络端和应用端的全面防护，提供更迅速、更准确的安全决策。瞻博网络的网络安全产品包括整合式防火墙/IPSec VPN、入侵防护、SSL VPN、统一接入控制（UAC）解决方案、AAA 与 802.1X 网络存取安全装置等。在每个涉及领域，瞻博网络的市场份额均名列前茅，同时，瞻博网络还不断推出创新产品，如第一个基于专用集成电路（ASIC）的平台、第一个基于 ASIC 的防火墙、第一个入侵检测与防护（IDP）产品等。

（三）企业美誉度高

瞻博网络以其先进的技术、优秀的产品和全面的服务得到了客户的普遍认可和赞誉，在业界具有很高知名度和良好声誉，多次获得各种奖项。例如：瞻博网络获得 2010 年《SC》杂志读者信任奖，其统一接入控制解决方案被评选为最佳终端安全解决方案；在 2010 Terrapinn 世界供应商大奖的最佳品牌活动评选中，瞻博网络荣获最高奖项，并在技术远见奖、最佳软件解决方案奖以及年度最佳卓越供应商奖三个类别的奖项评比中入围最终候选名单；瞻博网络的全球客户支持网站，因在在线服务和支持方面的出色表现和创新而连续 6 年获得支持专业人士协会评选的十佳支持网站，跻身全球最佳的在线支持网站之列；瞻博网络获得 2011 年度 Computerworld Malaysia 颁发的防火墙/VPN 解决方案类别的最佳客户服务奖，该奖项由客户进行评选，表彰其在部署前后的咨询、支持和维护方面的优秀表现。以上这些是瞻博网络获得奖项的一小部分，充分说明了瞻博网络在技术、产品、服务等各方面都得到了客户和业界的一致好评。

第二十三章　迈克菲公司

一、基本情况

迈克菲（McAfee）是全球最大的专业安全技术公司，总部设在美国加利福尼亚州的圣克拉拉市。迈克菲为全球范围内的客户提供信息系统和网络安全保护，能够帮助不同规模的企业和个人用户防范层出不穷的恶意软件和网络安全威胁。迈克菲的解决方案能够紧密配合工作，将防恶意软件、防网络攻击与安全管理功能整合在一起，提供实时监控与分析、有效降低风险、确保合规、改善 Internet 安全状况，并帮助企业提高运营效率。其安全产品与解决方案涵盖了数据保护、数据库安全、电子邮件与 Web 安全、终端保护、移动安全、网络安全、风险与合规性、安全即服务（SaaS）、安全管理、安全信息和事件管理（SIEM）等各个方面。2010 年 8 月，全球最大芯片制造商英特尔以 76.8 亿美元收购迈克菲。收购完成后，迈克菲以英特尔全资附属公司继续营运。

二、发展策略

（一）加强云计算安全业务

云计算安全作为新兴的领域，也是迈克菲十分重视的新的市场增长点。2012年初，迈克菲提出了全面的云安全战略，包括安全从云端来、安全在云端、安全为云端三部分。迈克菲的云计算安全解决方案涵盖网络中的所有设备及系统，为包括企业和个人的云计算的服务提供方和应用方提供全面的保护。安全从云端来基于安全即服务（Security-as-a-Service，SaaS）概念，将迈克菲安全产品以云计算服务形式提供给企业用户，包括安全扫描、内容安全解决方案以及中心化的软件和硬件远程管理等，在确保企业信息安全的同时帮助企业降低运营成本。安全在云端主要是指迈克菲推出的全球威胁智能感知系统（GTI），集中迈克菲分布在全球30多个国家的300多名安全研究人员的力量，专注于检测和跟踪各种恶意软件与网络威胁，构建一个全球化的威胁智能感知"云安全"系统，这种基于云计算的全球化的威胁感知网络有效地提高了对恶意程序和网络威胁的主动、实时检测和预警能力。安全为云端主要是指迈克菲的云计算安全认证服务，帮助云计算服务供应商准确了解自身的安全状况，为云计算服务商提供技术和信誉保证，提高云计算服务企业的公信力，并为用户评估和选择安全可靠的云计算服务厂商提供依据。

（二）加强移动互联网安全业务

随着移动互联网的迅猛发展，其安全问题也越来越突出，迈克菲认识到传统的安全技术无法应付复杂的移动互联网安全威胁，因此加强了移动互联网安全战略，推出一系列针对移动互联网的安全产品和解决方案，抢占移动互联网安全制高点。

2012年2月，迈克菲推出一系列创新技术，旨在为设备、数据和应用程序提供全面的移动安全和隐私保护。McAfee Enterprise Mobility Management 10.0包含面向企业客户的重要安全更新，能够保障员工自带设备在企业中安全使用。EMM 10.0能够帮助IT专业人员对员工或企业的智能手机与平板电脑进行更好地识别管理，制定更完善的安全策略，保护企业的数据信息安全。迈克菲面向个人用户的McAfee Mobile Security 2.0解决方案功能十分强大，为Android系统的智能手机和平板电脑用户提供全面有效的数据安全保护，防范各类移动安全威胁并保护用户隐私。迈克菲还致力于与众多移动行业龙头企业进行合作，如联想、日本DoMoCo公司、日本软银、新加坡电信、澳大利亚沃达丰、史普陵特电讯公司等，以巩固其在移动安全领域的领先地位，让用户安心畅游丰富多彩的移动世界。

（三）加强行业合作

迈克菲在业务拓展和产品推广上积极加强行业合作，与大量业界领先的公司建立了合作关系。如迈克菲与美国著名电信运营商 AT&T、Verizon 等合作，用自己先进的安全产品帮助这些规模庞大的企业进行内部安全管理，同时合作向市场推广捆绑式的产品和安全解决方案，包括增值 IT 服务、数据发现、识别和安全分类、网络解决方案、咨询和管理服务、云安全服务等。迈克菲还与戴尔、惠普、联想等 PC 制造商达成战略合作协议，在他们的产品中预装迈克菲的安全软件。

三、竞争优势

（一）业界领先的安全技术

依靠强大的研发团队，迈克菲拥有业界领先的安全技术。如迈克菲的防病毒软件，整合了 WebScanX 功能，不仅可以检测和清除病毒，还具有系统自动监视能力，当从磁盘、网络、电子邮件中打开文件时便会自动检测文件的安全性。此外，迈克菲防毒软件还有自己独特的启发式引擎、Artemis 云技术以及 System Guard 主机防护等先进技术。迈克菲的启发式引擎具有独创性，拥有基因启发和模拟行为分析的能力，可以有效侦测未知威胁。Artemis 是迈克菲开发的一种云技术应用，可即时防御在线恶意威胁，该技术将可疑文件传送到 McAfee AVERT Labs 进行云端安全检查。System Guard 主机防护技术会监视用户计算机上疑似病毒、间谍软件或黑客活动等可疑行为，并进行阻挡、警告与记录。

（二）全面的安全产品

作为全球最大的专业安全技术公司之一，迈克菲拥有非常全面的安全产品体系，并且其解决方案能够相互配合工作，为用户提供全面的安全保障。迈克菲安全产品可分为针对家庭和针对企业两大类。

在家庭用户方面，迈克菲的安全产品能够帮助用户安全连接互联网，借助迈克菲进行全方位保护。通过安装迈克菲全面安全保护套装、迈克菲网络安全实时防御套装和迈克菲防病毒＋防火墙组合装，个人用户能够全面防御恶意软件和间谍软件。针对移动设备的迈克菲 Mobile Security 为智能手机和平板电脑提供了防病毒、设备防盗以及 Web 和应用保护功能，可以全面保护用户的移动设备。

在企业用户方面，迈克菲的解决方案包括全面的系统与终端保护、网络安全、云安全、数据库安全以及数据保护。迈克菲的解决方案由迈克菲全球威胁智能感知系统(GTI)支持,能够增强企业对安全状况的监控,使企业在安全应用网络技术、云计算以及移动设备的同时保证关键资产和敏感数据不会受到攻击和损害。

(三)强大的研发团队

迈克菲强大的研发团队是其创新产品和优质服务的基础, 英特尔公司透露其收购迈克菲很大程度上是看重迈克菲的研发团队对英特尔扩展安全市场的帮助。迈克菲实验室是世界顶级的信息安全研究机构之一, 拥有 500 多名高水平研发人员, 该实验室不断开发创新产品, 并提供全天候的全球网络威胁监测和应急服务。迈克菲创新性的技术产业也体现了其研发团队的研发实力, 迈克菲的 DeepSAFE 技术由其和英特尔联合开发, 能在芯片和操作系统之间提供一个硬件支持的安全层次, 在威胁侵入系统之前即采取安全保护措施。

第二十四章 趋势科技有限公司

一、基本情况

趋势科技有限公司（Trend Micro）1988年于美国加州成立，是全球领先的网络安全企业。趋势科技总部位于美国硅谷和日本东京，在38个国家和地区设有分支机构，拥有7个全球研发中心，全球员工总数超过4000人，是一家综合实力强大的跨国信息安全软件与服务公司。趋势科技分别在美国纳斯达克和日本东京证券交易所上市，并且分别入选了道琼斯可持续性指数和日经指数成分股。趋势科技当前市值约4500亿日元，2013年第一季度，实现营收258亿日元，利润48.2亿日元；第二季度，实现营收270亿日元，利润47.6亿日元。

2001年7月趋势科技正式进军中国市场，在上海、北京、广州等地设立分支机构，以"用创新服务用户的需要"为宗旨，为中国各行业用户提供优秀的信息安全产品与服务。趋势科技在中国大陆拥有400多名员工，保证了快速的产品及技术更新和卓有成效的本地化支持。

从进入中国开始，趋势科技就明确提出了三个阶段的战略目标：短期目标是成为企业级安全市场的领导者；中期目标是成为全面的安全服务供应商；长期目标是成为整个安全基础架构的供应商。趋势科技在政府机构、电信、金融、电力、教育、能源等多个领域都具有良好声誉，取得了优良的成绩，市场份额保持不断增长。

二、发展策略

（一）推行扩张型发展战略

趋势科技通过并购与合并的方式，不断吸收新的技术，扩大自己的产品线。最近 5 年来，趋势科技的并购活动包括：2008 年 2 月，并购身份加密厂商 Identum 公司；2009 年 4 月，并购应用程序防护厂商 Third Brigade 公司；2010 年 11 月，并购文档及媒体加密服务商 Mobile Armor 公司等。

（二）加强行业协作

趋势科技还积极与行业内其他有实力的公司合作，实现强强联合。2010 年 3 月，趋势科技与 Qualys 公司结盟，Qualys 公司是按需提供 IT 安全风险与合规管理解决方案的领导者。两公司签署了将 Qualys Guard IT Security and Compliance Suite 与趋势科技 Enterprise Security 合规解决方案共同搭售的协议，目的是为全球客户提供更完整的合规解决方案。2011 年 10 月，趋势科技深化与全球虚拟化及云计算基础架构的领导厂商 VMware 公司的战略合作，共同为市场提供简便的全方位、整合式虚拟化安全解决方案。2012 年 4 月，趋势科技与全球第一大社交网站 Facebook 组成战略合作伙伴，Facebook 将整合趋势科技的主动式云端拦截系统，将恶意连接阻隔在网站之外。

（三）推进云安全战略

趋势科技看好新兴的云安全市场，积极制定战略进军该市场。2012 年 4 月，趋势科技发布了云时代新的战略："3C"——云计算（Cloud）、IT 消费化（Consumerization）及风险控制（Control over Risk），旨在帮助客户应对云安全、IT 消费化带来的移动设备保护以及高级持续性威胁（APT）等新科技态势出现后所面临的安全挑战。趋势科技还推出了云安全解决方案 Deep Security 和 SecureCloud，帮助用户加速向云计算转化过程，实现了更强的安全性、更高的虚拟化、更高的投资回报率，以及更简单的管理模式。

三、竞争优势

（一）全球领先的行业地位

趋势科技专注于向全球客户提供网络安全产品和安全服务，其网络安全软件及服务覆盖了政府机构、企业和个人等众多用户。趋势科技以强大的创新能力引领了桌面安全、服务器安全、网关防护、网络层防护、云计算安全、移动互联网安全的技术潮流，成为一家高成长性的跨国信息安全软件公司，在全球设立有30多个分支机构。Gartner Group连续四年把趋势科技评定为最具创新能力的安全管理供应商。全球财富500强企业中有超过150家使用趋势科技的产品，华尔街80%的金融企业都选择趋势科技，超过半数的中国百强企业也选择趋势科技。

（二）快速的全球威胁响应能力

趋势科技依靠其先进技术与全球安全网络，具备快速的全球安全威胁响应服务能力。趋势科技旗下的TrendLabs是一个全球性的信息安全研究网络及产品支持中心，为全球客户提供连续的威胁防护服务。TrendLabs工程师、研究人员和技术支持人员超过300名，分布在位于全球各地的专业服务中心，时刻监控着网络中的潜在安全威胁，并对重要安全事件和紧急安全服务需求做出快速回应。TrendLabs是趋势科技企业防护战略的重要组成部分，除负责威胁响应服务外，还积极研究开发识别、检测以及清除威胁的方法。TrendLabs先进的威胁检测能力使它经常成为全球紧急安全问题最早的解决方案提供者。

（三）全方位的网络安全体系

趋势科技提供了全面的网络安全体系，构建有全方位、多层次的安全防线，分别是针对威胁传播途径的网络层防护、邮件网关防护、Web网关防护、邮件服务器防护，针对病毒驻留场所的存储服务器防护、应用服务器防护和客户机防护，实现对威胁的全面防范，将威胁的扩散和危害降到最低。趋势科技针对个人和家庭用户、小型企业、中型企业、大型企业不同的安全需求特点，制定了不同的安全产品和安全解决方案，可以满足不同类型、不同层级的客户的安全需求。

第二十五章 科摩多公司

一、基本情况

科摩多公司（Comodo）是一家私人安全公司，成立于 1998 年，总部设在美国新泽西州泽西城，是世界优秀的 IT 安全服务提供商和 SSL 证书的供应商之一，在全球拥有超过 600 名员工。科摩多的业务包括身份验证、信息加密、漏洞检测、终端安全等。

作为一个电子认证机构，科摩多是全球第二大服务器身份认证证书的发行者，其认证中心每年都通过 Ernst & Young 网誉认证检验。科摩多的证书包括组织认证证书（OV）、域名认证证书（DV）、扩展认证证书（EV SSL）、多域名证书、统一通讯证书、邮件证书及代码签名证书等。根据互联网调查机构 W3Tech 的统计，截至 2013 年 10 月底，全球有 8.9% 的网站使用了科摩多的 SSL 服务器证书，其在全球 SSL 服务器证书市场的占有率为 29.2%，仅次于位于第一的赛门铁克公司。

二、发展策略

（一）以优质服务占领市场

科摩多具有强大的技术和售后团队，可以为用户提供优质、快速的安全咨询、产品培训、系统恢复等服务。科摩多是全球仅次于赛门铁克的数字证书服务提供商，每天为数以百万的客户提供可靠的身份认证服务，其客户包括惠普、英特尔、甲骨文等全球知名企业和许多著名高校。科摩多的数字证书产品种类众多，性价比高。科摩多还提供最高 25 万美元的用户损害担保，显示其对自己产品的安全性的自信及对用户的负责态度。

（二）以业务多样化谋求发展

科摩多起初是一家商业电子认证服务机构，业务比较单一，科摩多通过不断提供新的优质产品和服务，扩大业务范围，促进公司发展。科摩多不仅在数字证书方面提供了种类丰富的产品和完善全面的服务，还针对家庭用户、电子商务行业、大型商业企业提供了多样化的安全产品和服务。针对家庭用户的产品和服务包括互联网安全与防病毒产品、个人防火墙、PC 优化软件、远程客户支援服务等，针对电子商务行业的产品和服务包括远程支援服务、VPN、网站安全签章、端点安全管理等，针对大型商业企业的产品和服务包括安全认证、PKI 管理、邮件网关、DNS 托管等。通过业务多样化的策略，使科摩多得到长足发展。

（三）以免费安全产品带动收费服务

科摩多商业策略是通过免费产品带动收费服务。科摩多面向个人用户提供非常丰富的免费信息安全产品。最著名的免费产品是融合了防火墙、主机入侵防御系统和杀毒功能的科摩多互联网安全套装，其他科摩多知名免费软件安全工具包括反恶意软件工具、内存防火墙、系统清理软件、科摩多 Easy VPN 虚拟专用网、科摩多加密电子邮件、科摩多龙安全浏览器等。通过这些高质量的免费产品，取得较大的用户渗透率，并带动针对个人和企业的差异化、可定制的收费服务。

三、竞争优势

（一）全面的产品与服务

科摩多提供覆盖桌面与后端的全面安全解决方案，优质的产品和全面的防护是科摩多的核心竞争力。科摩多的桌面安全产品主要是网络安全软件、杀毒软件、安全浏览器、手机安全软件、免费个人证书等，科摩多的后端安全产品有广受赞誉的身份认证服务、面向企业的漏洞检测、数据备份服务、反垃圾邮件网关等，所有这些产品组成整套的安全解决方案，可以提供全面的安全防护，使用户的网络环境更加安全、可信。

（二）全球的客户群体

当前，科摩多的服务和产品已经在超过 100 个国家被广泛使用。全球超过 2500 万用户安装了科摩多的电脑安全软件；数千万互联网用户正在使用科摩多提供的数字证书产品来确保在线交易的安全、电子邮件的安全和其他互联网应用的安全；超过 20 万个企业用户正在使用科摩多的安全产品；有超过 7000 个全球合作伙伴正在与科摩多合作来共同努力使得互联网更加安全可信。

（三）广泛的应用范围

科摩多作为有悠久历史的全球性电子认证服务机构，其数字证书产品安全可靠、种类丰富、应用广泛，得到全球许多知名企业的认可。科摩多是 CA/Browser 论坛、通用计算安全标准论坛（Common Computing Security Standards Forum，CCSF）、电子认证安全委员会（Certificate Authority Security Council，CASC）等国际组织的创始机构之一，参与了众多行业标准的制定。科摩多的数字证书得到全球所有浏览器的支持，包括 IE、火狐、Opera、Safari 等，科摩多的 12 个根证书都得到信任，内置在所有浏览器的信任列表中。

第二十六章　Websense Inc.

一、基本情况

Websense Inc.（以下简称 Websense）成立于 1994 年，总部位于美国加利福尼亚州的圣地亚哥。Websense 是信息安全领域全球领先的解决方案提供商，其业务包括 Web 安全、信息和数据安全防护等。Websense 在全球各地拥有 26 个分支机构，在中国、英国和以色列设有主要运营中心，在全球拥有 1500 多名员工。Websense 是美国纳斯达克上市公司，2013 年第一季度，Websense 营收 8750 万美元，利润 277 万美元。

二、发展策略

（一）强化产品整合战略

Websense 认为，当前企业面临复杂的网络环境和严峻的安全威胁，单方面的安全防护不能有效保护企业，因而推出产品整合战略，花费六年多的时间、斥资数亿美元研发内容安全领域创新性的统一架构——TRITON。TRITON 是结合了 Web、电子邮件和数据安全的统一解决方案，能够提供比传统多产品、多端点的整合方案更加全面的保护和更加低的购买和维护成本，同时降低配置和管理复杂度。

（二）组建安全联盟

Websense 与其战略合作伙伴共同建立了 Websense TRITON 安全联盟，其成员包括有 Aruba、F5、IBM、Imperva、Microsoft、VMware 等知名企业。Websense 与这些顶尖的技术合作伙伴相互携手，将安全智能不断整合，使其成为支撑高级网络、移动及云端应用的强大基础。Websense 的威胁搜索智能云是世界上最大的威胁情报网络之一，每天收集处理数十亿条情报信息，而安全联盟实现了安全情报的双向交流，进一步扩大了联盟成员对实时威胁信息的分享能力。Websense 的安全产品与安全联盟成员的产品相结合，使其更具竞争优势，实现互惠共赢。

（三）推出全球合作伙伴计划

Websense 推出全球合作伙伴计划，帮助合作伙伴向客户提供优秀的 Web、电子邮件、数据和移动安全解决方案。全球合作伙伴计划拥有一整套工具、资源和支持，更加便于客户开展业务、帮助客户销售和支持 Websense 解决方案。Websense 全球合作伙伴计划的内容包括：Websense 产品知识培训和信息安全培训、基于增值和交易注册的折扣、销售和技术培训、促进业务增长的销售和市场推广工具等。通过该计划，Websense 建立自己的产品生态圈，并与合作伙伴共同成长。

三、竞争优势

（一）强大的研发实力

Websense 在美国加利福尼亚州的圣地亚哥和洛斯加托斯、英国的雷丁、中国的北京、澳大利亚的悉尼和以色列的 Ra'anana 都设有研发机构，共有 500 多名研发人员。其中，Websense 北京研发中心成立于 2007 年初，是 Websense 全球最重要的研发基地之一，拥有员工 300 多人。Websense 北京研发中心包括三个核心研发部门：安全技术研究、软件开发、软件测试，北京研发中心还拥有 Websense 在亚洲最大的技术支持团队，以及高效的综合管理团队。

（二）全面的安全产品

Websense 提供 Email Security、Web Security 和 Data Security 等内容安全产品，形成全面的内容安全解决方案。Email Security 即邮件安全网关，在 Websense 全球威胁专家团队的支持下，可以确保邮件服务安全，提供持续的保护，抵御各种接收和外发的威胁。Web Security 安全网关集强大的安全性和易用性于一身，可提供可视化的有关网络安全、威胁检测、流量负载和用户行为的及时反馈。Data Security 即数据安全解决方案，可提供数据发现、数据监控、数据保护及数据端点保护。Websense 安全产品可以综合部署和应用，为用户提供全面的内容安全保护。

（三）广泛的用户群体

Websense 在网络安全领域具有全球领先地位，曾于 2004—2006 连续三年入选《福布斯》杂志评选的 "25 家顶尖科技公司"。Websense 的产品具有全球范围的广泛用户群体，其客户超过了 5 万家企业，世界 500 强企业中的大部分也都采用了 Websense 的安全解决方案。

Websense 进入中国以来，以雄厚的技术实力、高效的研发团队、先进可靠的产品和解决方案、全面优质的客户服务赢得了用户的广泛好评和一致认可。目前，Websense 在国内的用户涵盖多个领域，包括政府机构、公共部门、金融、保险、制造、法律、科技、商业、服务和教育行业等。

第二十七章　Fortinet Inc.

一、基本情况

Fortinet 创建于 2000 年，总部设在美国加利福尼亚州桑尼维尔市，产品首次发布于 2002 年 5 月，截至 2013 年 6 月，设备销售总量超过 90 万件，用户数量超过 12.5 万个。Fortinet 是全球 4 大网络安全设备厂商之一，在全球 UTM 市场销量第一。

Fortinet 在北美、欧洲、亚洲地区都设有客户支持、开发和销售办公室，以支持其本地业务。Fortinet 是纳斯达克上市公司，2013 年第一季度，实现营收 1.36 亿美元，利润 1225 万美元；第二季度，实现营收 1.47 亿美元，利润 900 万美元，保持了 14% 的年增长率。

二、发展策略

（一）强化全球发展战略

Fortinet 从建立之初的发展方式就定位为全球市场、本地化销售。截至 2013 年 6 月，Fortinet 共有 1600 多名员工，其中美国 400 多人、加拿大 400 多人、中国 400 多人、法国 200 多人。在 Fortinet 的全球市场中，欧洲比重占 40%，美国比重占 30% 多，亚洲比重占 20% 多，目前亚洲市场的比重在迅速增长。Fortinet 的这种全球化的战略布局，既是顺应了网络安全全球化的需求和发展趋势，也可以做到统筹兼顾，根据不同地区的地域优势和人员特点来相互协调，取长补短。

同时，通过促进不同地区间人员交流，还有助于企业协调资源、降低成本。

（二）坚持技术创新

Fortinet 非常重视技术创新投入。Fortinet 认为，赢得市场最重要的是创新的产品和技术。Fortinet 员工中技术人员占多数，共有技术人员 1000 多人，包括研发团队的 700 多人，以及以工程师为主的技术支持团队的 300 多人。Fortinet 之所以能取得成功，就是重视技术并不断创新突破。从最初开发的网络加速芯片，到解决产品面临的技术和性能难题，再到致力于 UTM 的研发，以及后来不断完善的综合防护技术，Fortinet 一直坚持贯彻着自主创新研发的发展路线。坚持创新帮助 Fortinet 取得了现在的成功，并为 Fortinet 在未来继续保持领先提供了保证。

（三）注重满足客户需求

Fortinet 非常重视客户需求，产品研发以客户需求为导向，产品具有优异的性能和可配置性，帮助客户提高网络安全的同时，不会降低网络效率。Fortinet 专用硬件和软件提供高吞吐量和低延迟，能满足最苛刻的网络环境的性能需求。Fortinet 开发的集成架构，专门提供极高的吞吐量和极低的延迟，最大限度的减少数据包处理，同时准确的扫描有威胁的数据。定制的 FortiASIC 处理器提供千兆位的速度，满足检测恶意内容的需求。其他依赖于通用 CPU 的安全技术，性能低下，无法在高速网络环境中实现对应用层的攻击和病毒进行有效的阻断。FortiASIC 处理器所带来的高性能，使 Fortinet 的网络安全解决方案不会成为用户网络安全的瓶颈，并能够随时阻断最新的病毒和安全威胁。

三、竞争优势

（一）市场领导地位

Fortinet 是统一威胁管理的市场领导者，所提供的专用的解决方案，能提高性能，增强保护且降低成本。Fortinet 为全球 10 万多位客户提供网络安全保护，包括全球财富 500 强企业中的大多数。许多全球最大和最成功的组织以及服务提供商都依靠 Fortinet 的技术来保护他们的网络和数据安全，包括：美洲财富榜 10 强企业中有 8 个；EMEA 地区财富榜 10 强企业中有 9 个；APAC 地区财富榜 10

强企业中有 9 个；通讯企业财富榜中的前 10 名企业；金融企业财富榜前 10 强中有 9 个。

（二）全面的权威认证资质

FortiGate 解决方案是目前唯一一家同时获得 NSS 的 IPS 和 UTM 认证产品的 UTM 解决方案供应商。严格的第三方认证，证明了 Fortinet 有能力将多种安全技术整合到单一设备上，同时还能满足性能和精确度的最高标准。Fortinet 通过的认证包括：5 项 ICSA Labs 安全认证；NSS UTM 认证；ISO 9001:2008 认证；12 次病毒公报（VB）100% 奖项；FortiOS 4.0 的 IPv6 认证；FortiOS 4.0 EAL 4+ 认证；FIPS PUB140-2；NEBS 级别 3。

（三）全球范围的攻击响应支撑体系

Fortinet 的 FortiGuard 全球网络安全威胁实验室有超过 125 名研究人员，对全球范围的网络安全威胁进行全天候持续监测，以确保用户的网络受到保护。FortiGuard 提供快速的产品更新和详细的安全知识，帮助用户应对新出现的安全威胁。Fortinet 的客户服务部门可以为 Fortinet 产品提供全球化的技术支持，其服务团队分布于美洲、欧洲和亚洲。

第二十八章　奇虎360科技有限公司

一、基本情况

奇虎360科技有限公司（以下简称"奇虎360"）创立于2005年9月，是中国领先的互联网公司，主要业务涵盖个人与企业安全领域，旗下有奇虎网、360安全卫士、360杀毒、360浏览器（分安全版、极速版、移动版等多个版本）、360手机助手、360搜索等多项业务。奇虎360先后获得过鼎晖创投、红杉资本、高原资本、红点投资、Matrix、IDG等风险投资商的联合投资，2011年3月，奇虎360公司在纽约证券交易所挂牌上市，证券代码为"QIHU"，发行价为14.5美元，筹资总额达1.76亿美元。奇虎360在2013年第一季度的收入约为1.10亿美元，比去年同期的6928万美元增长约58.6%，比上季度的1.03亿美元增长为6.7%。同比和环比的增长主要由于在线广告业务和互联网增值服务业务的持续强劲的增长，两大营收来源——在线广告业务和网页游戏——收入稳定增长。对搜索和移动的投入继续拉低利润率，但管理层在搜索商业化及移动端的战略上也逐步明朗起来，其盈利前景看好。

二、发展策略

（一）提升品牌价值

奇虎360非常注重品牌口碑，以"服务用户高于一切"为宗旨，以高标准要求研发和服务团队，为用户提供优良的服务，以增加用户黏性，提高用户转换率。

360安全卫士是奇虎360核心产品之一，在中国具有巨大的装机量，用户认可度很高。360安全卫士是集木马与恶意软件查杀、系统漏洞修复等多种安全功能于一身的软件，深受用户好评。随着在安全市场不断的发展与扩张，奇虎360还推出了360安全浏览器、360保险箱、360杀毒、360安全桌面、360手机助手等系列产品。奇虎360市场策略就是其产品坚持对个人用户完全免费，这种策略也帮助其在网络安全领域的市场份额不断增加。

（二）提高盈利能力

奇虎360拥有巨大的用户群体，发展策略是一方面继续扩大用户群，一方面将巨大的用户群转化为盈利能力。奇虎360推出了360°开放计划，向合作伙伴提供全方位的开放平台。该开放计划涉及包括360安全桌面、360软件管家、360安全浏览器、360极速浏览器的应用中心、360团购开放平台、360游戏中心等在内的奇虎360全线业务，其中360安全桌面承载最核心的主面板作用。目前360开放平台上的应用数量已经超过了10万款，并以每天增加600多款的速度在成长，已经成为中国最大的互联网软件应用平台之一。通过360开放平台，奇虎360依靠两种方式增加盈利，一是吸引大量应用开发者进入平台，采用应用分账方式获利；二是开放平台拥有巨大的流量和大量普通用户，可以提高广告等收入。

（三）开拓国际市场

奇虎360通过积极发展国际业务，开拓国际市场。在2013年亚洲移动通信博览会上，奇虎360推出了旗下两大国际版产品，分别是面向PC端的Internet Security和面向移动端的Mobile Security，奇虎360国际产品官网域名及国际产品团队也首次公开亮相。这显示奇虎360国际化进程正式开始，安全战略将向全球版图扩展。

（四）开展投资和收购

奇虎360通过收购一些具有创新性的团队和产品，不断丰富自己的产品线、扩展用户群体、提高服务覆盖面。奇虎360上市后已投资超过100个团队，其投资案例包括早期的迅雷、2366游戏网、刷机精灵、日本跨平台即时通讯软件

Line 等。2011 年 8 月，奇虎 360 收购了"口信"拼音域名 kouxin.com，2011 年 8 月 29 日正式启用口信域名推出"口信"手机即时聊天客户端。2012 年 1 月 9 日，奇虎 360 收购游戏门户网站游久网。2013 年 2 月 16 日，奇虎 360 收购了日志宝团队，该团队的主要业务集中在日常分析、安全审计和漏洞扫描等方面。

三、竞争优势

（一）产品种类多，业务范围广

奇虎 360 旗下产品包括 360 安全卫士、360 杀毒、360 安全浏览器、360 安全桌面、360 手机卫士等。奇虎 360 的产品不仅在 PC 端拥有大量的用户和良好的口碑，在手机业务上，360 手机卫士也具有较高关注度。同时，网络游戏业务在游戏产业链中的地位也快速上升，产品深受用户好评。因此，奇虎 360 产品涉及领域包括互联网广告、互联网搜索、网络游戏和移动互联网业务，产品种类多，业务范围广。

（二）用户数量多，黏性大

奇虎 360 通过提供优质免费安全服务，获得亿万黏性较高的客户群。360 是免费安全的首倡者，360 安全卫士、360 杀毒等系列安全产品品质优良，并且面向个人用户完全免费，在中国拥有数量庞大的用户群体。同时，奇虎 360 开发了云安全体系，通过云端的强大计算能力快速识别新型木马病毒以及钓鱼、挂马恶意网页，有效清除安全威胁，全面保护用户的上网安全。奇虎 360 的优秀产品和创新服务方式重新定义了互联网安全，"安全"不仅指防病毒，更指数据安全、隐私安全、账号安全、下载安全，以及电脑健康。一系列富有黏性的软件的推出，为奇虎 360 争取到了一大批忠诚用户。因此，奇虎 360 在经营模式上采用 Freemium 业务模式，即 Free（免费）+ Premium（增值服务），成功为其获得了 4 亿黏性较高的客户群。极高的用户渗透率，是奇虎 360 在互联网领域的显著优势。

（三）高水平的技术团队

奇虎 360 是中国最大的互联网安全公司之一，汇集了一大批高水平的技术人员，形成国内规模领先的安全技术团队。奇虎 360 技术团队打造的 360 安全卫士、

360 杀毒、360 安全浏览器、360 安全桌面、360 手机卫士等系列产品，技术先进、操作简单、防护全面，深受用户好评，使奇虎 360 成为国内网络安全领先品牌。为提高员工专业技术水平和职业素养，奇虎 360 于 2011 年成立了 360 学院，搭建公司的人才培养体系和员工成长发展阶梯。通过组织行业峰会、技术论坛、专题培训、技术竞赛等，360 学院培养了大批高水平管理人才和技术人才。

第二十九章　北京网秦天下科技有限公司

一、基本情况

北京网秦天下科技有限公司（以下简称"网秦"）创立于 2005 年，产品覆盖个人移动安全、家庭移动安全、企业移动安全等方面，是中国领先的移动互联网整合服务商。网秦于 2011 年 5 月登陆美国纽约证券交易所，是中国第一家成功登陆美国纽约证券交易所的移动互联网企业。截至 2013 年 3 月，网秦业务覆盖全球 150 多个国家，总用户超过 3.5 亿。

网秦的核心产品包括网秦手机杀毒、网秦通讯管家、网秦手机卫士等，为用户提供防病毒和恶意软件、防骚扰、隐私保护、数据备份与恢复和数据管理等全面的手机安全服务。网秦以中国北京和美国达拉斯为总部，全球员工超过 700 名。网秦建立了全球最大的手机安全专业研发团队，在亚洲、美洲设有研发团队，在中国香港、中国台北、美国硅谷、瑞士楚格、英国伦敦设有公司及办事处。2013 年第一季度，网秦净营收同比增长 108%，达到 3320 万美元，净利润达到 290 万美元，同比增长 34.2%。

二、发展策略

（一）提高服务水平

网秦专注于为广大用户提供高质量的安全服务，并将此视为提高企业核心竞争力与客户价值的关键所在。网秦通过多种措施努力提高服务水平，在产品研发上精益求精，力图为用户提供易用友好的操作体验。网秦还成立了"网秦用户体验中心"，作为研发团队与用户沟通的桥梁，帮助用户了解网秦最新的产品，获取用户反馈建议，促进产品改进。网秦还拥有专业的服务团队，随时为用户提供技术咨询和支持服务。网秦通过专业、优质的创新服务满足用户的多种需求，提升用户满意度。

（二）加强产业合作

为了拓展市场业务领域，网秦十分重视产业合作，以多种形式加强和不同领域的合作伙伴的合作。网秦注重和政府的沟通，及时了解产业政策与发展方向。网秦和电信运营商建立合作关系，通过运营商的平台共同为用户提供安全服务并进行利益分成。网秦还与诺基亚、三星、索爱、华为等终端厂商通力合作，在终端产品中预装网秦的安全产品。网秦通过和合作伙伴的努力，集成各自的优势，共同推动移动互联网安全平台的创建，并通过持续合作来共赢市场。

（三）开拓全球市场

全球化发展是网秦公司重要的发展战略。网秦赴美国上市，使其成为具有全球背景的手机安全产品厂商。网秦在海外建立分支机构，招募熟悉当地文化的本地员工，积极提供本地化产品和服务。网秦和北美、欧洲的运营商、终端厂商等建立合作关系，利用他们的地域优势拓展本地业务。现在，不仅在中国，在北美等地网秦也拥有大量用户，成为国际化的安全企业。

三、竞争优势

（一）拥有巨大且快速增长的用户群体

网秦是中国移动安全服务的领先供应商。自 2010 年 8 月，网秦注册用户的数量一直以每天超过 10 万的速率增长，截至 2012 年年底，该数量已经达到 3.5 亿。根据 2011 年 1 月的弗若斯特沙利文（Frost & Sullivan）报告，由截至 2010 年 12 月 31 日中国用户注册账户的数量统计，网秦在中国移动安全产业中占有 67.7% 的市场份额，而网秦最大的竞争对手约占 8.6% 的市场份额。网秦的目标用户群是移动安全市场中的中高端用户，网秦认为他们有较强的移动安全保护意识，是目前更好的赢利机会。网秦用户群的快速增长极大地促进了收益的增长。同时庞大的用户群使得网秦能够迅速有效地收集关于移动安全威胁的数据，从而建立世界最大规模的云端移动安全知识库之一。

网秦的用户绝大部分都是智能手机用户，庞大的用户群使网秦能够对移动用户的需求和反应有深刻的理解，从而进一步优化服务供给，提高用户的黏性和忠诚度。基于移动安全供给的成功以及用户对网秦的产品和服务的信任，网秦已经成功地将业务扩展到移动生产效率市场，并将继续开发和引进新的服务来提高移动用户的生产效率。

（二）创新的商业模式

网秦具有庞大灵活的服务组合，是采用创新的 Freemium+SaaS 商业模式提供移动安全和生产效率服务的先锋。网秦服务组合的规模使其能够提供各种免费的服务来处理基本用户的要求，例如恶意软件扫描、互联网防火墙、性能优化、备份、恢复和反垃圾信息。这些免费的服务使网秦能够建立庞大的用户群，同时提高用户的参与度和忠诚度。网秦同样提供收取费用的增值服务，以从庞大的用户群中获取利润。病毒库升级、账户安全、防盗和通讯隐私保护等服务和免费产品捆绑在一起提供给选择为额外保护和加强生产效率付费的用户。此外，网秦的云客户端计算平台使免费和增值产品成为一项基于"软件即服务"（SaaS 模型）的订阅服务。

（三）强大的技术研发能力

网秦一直将自主研发创新和掌握核心技术放在首位，拥有全球最大的手机安全专业研发团队，并在全球建立三大技术研发创新中心，涵盖亚洲、美洲、欧洲三大区域，持有近 100 项具有自主知识产权的具备国际领先水平的移动信息安全核心技术专利。网秦邀请三星 Galaxy 之父 Omar Khan 加盟公司，并汇聚了一批世界级的移动互联网人才。

（四）多元化的合作伙伴

通过与移动生态系统中主要参与者建立牢固的关系，网秦建立了多元化的用户获取渠道，主要参与者包括无线运营商、手机制造商、芯片制造商、经销商和零售商以及第三方支付处理者等。除了通过病毒式营销或口碑营销，网秦也通过预安装和网上渠道来获取用户。通过与全球主要的手机制造商及其经销商建立牢固的关系，网秦建立了很大一部分的用户基础。例如，许多领先的手机制造商，如诺基亚、三星、索尼爱立信及其经销商，都预先安装和推广网秦的产品。网秦打算与其战略投资者如 HTC、高通等进行合作，以进一步加强用户获取能力。网秦也与各种在线广告网站、互联网门户和应用商店合作来获取用户。

（五）完备的业务运营系统

网秦是拥有专用业务支撑系统和运营支撑系统（BOSS）的少数移动安全和生产效率移动支付服务提供商之一。可靠、灵活、稳定的计费系统（与无线运营商的计费系统无关）通过多种支付渠道为超过 15 个国家的支付伙伴的交易记账提供了方便，这些支付伙伴包括无线运营商和移动支付服务提供商，以及预付卡经销商和第三方支付处理者。在 BOSS 的帮助下，网秦能通过批准和调整定价策略更好地了解用户行为，分析用户配置文件。通过提取和分析运营指标，网秦能够实时地管理用户获取和支付渠道，相应地调整运营策略以优化用户获取渠道。

BOSS 生成的运营数据也使网秦不断改善用户体验、服务质量和客户关系管理，并发现潜在的客户需求。此外，网秦拥有一个 7×24 小时运营的复杂的客户服务平台和一支包括训练有素的客户服务专家和技术支持人员的团队。当前拥有 60 条客户服务热线，其提供多语帮助来答复用户询问，及时解决技术问题以改善用户体验。

（六）经验丰富的管理团队

网秦的管理团队富有远见，经验丰富，且还具有坚实的行业知识和执行能力。管理团队首创了免费增值（Freemium）服务商业模式，并成功地实施了该策略，使网秦成为了不断进步的移动安全和生产力服务领域的领头人。网秦近年来获得多次奖励，如 2010 年 9 月在世界经济论坛夏季达沃斯峰会中获得"2011 年科技先锋奖"，证明了其管理团队的实力。高层管理团队所拥有的丰富的行业经验、扎实的产品知识、战略性的眼光以及有力的执行能力会使网秦继续执行全球发展策略，取得更高一级的成功。

专　题　篇

第三十章　云计算信息安全

一、概述

（一）相关概念

1. 云计算

云计算是通过互联网提供的一种动态可伸缩的虚拟化资源计算模式。美国国家标准与技术研究院（NIST）将云计算定义为：一种按使用量付费的模式，这种模式提供可用的、便捷的、按需的网络访问，进入可配置的计算资源共享池（资源包括网络，服务器，存储，应用软件，服务），这些资源能够被快速提供，只需投入很少的管理工作，或与服务供应商进行很少的交互。[1]

广义云计算是指服务的交付和使用模式，即通过网络以按需、易扩展的方式获得所需服务。狭义云计算是指 IT 基础设施的交付和使用模式，指通过网络以按需、易扩展的方式获得所需资源。这种服务可以是 IT 和软件、互联网相关，也可是其他服务。它意味着计算能力也可作为一种商品通过互联网进行流通。[2]

2. 云计算信息安全

《哈佛商业评论》前执行主编 Nick Carr 在《The Big Switch》发表观点认为，云计算对技术产生的作用与电力网络对电力应用类似，将产生巨大的作用。云计算作为一种新兴技术，要求大量用户参与，因此不可避免地存在安全问题。

---

[1]　http://baike.baidu.com/link?url=OE_ymRIpn3DVKmBE7_ZEG4T39YAiQNCv10cbMulPYi9ysWSdEJrUX3Nk8mM5Y7ePWBDGLH3OB3Dzjz3Lykt_XK

[2]　http://baike.baidu.com/link?url=OE_ymRIpn3DVKmBE7_ZEG4T39YAiQNCv10cbMulPYi9ysWSdEJrUX3Nk8mM5Y7ePWBDGLH3OB3Dzjz3Lykt_XK

从狭义上讲，云计算面临的信息安全问题主要分为三类：第一类是云计算服务提供商们需要解决的问题，云计算服务提供商所用的网络安全问题、提供的存储服务的安全问题，以及用户使用账号的安全问题。第二类是客户使用云计算服务时应注意的问题，特别重要的数据资源尽量保存在自己手中，或加密后再存储于云供应商那里。第三类是客户账户保管问题，防止他人盗取账号，导致云服务中的数据信息丢失。

从广义上讲，广义的云计算信息安全包括云计算的可靠性、可用性和安全性，它们对于云计算信息安全都是十分重要的。可靠性是指能够按照用户的需求正确工作。可用性是指云计算服务遇到问题时系统仍继续提供服务的能力，它对互联网环境至关重要，即使服务器繁忙，如果用户访问云服务，云服务也需要给用户一个合理的反馈。安全性是指未被授权的人不能访问和盗取计算机上存储的数据，数据加密和口令是实现云计算信息安全的主要措施。

（二）云计算信息安全特点

云计算信息安全特点主要包括以下三个方面：集中化、复杂化、虚拟化。

一是云计算信息安全防御表现出集中化特点。一方面，终端几乎不保存数据，攻击终端的收益越来越小，恶意攻击者更多地将注意力集中到储存海量数据的云端；另一方面，由于终端轻量化、安全性提高、多样化等原因，对终端的攻击越来越难。因此，云计算信息安全防御表现出集中化趋势。

二是云计算信息安全呈现复杂化特点。由于云计算平台是一个可运行多种网络应用的通用平台，造成云计算平台存在不同的安全隐患，使得云计算信息安全呈现复杂化特点，需要从链路层、网络层、系统层、应用层（Web、数据库等）等多角度、全方位对云计算信息安全进行考虑。

三是云计算信息安全部署呈现分散虚拟化特点。云计算数据中心是外部和内部用户共享资源的多租户运营环境。服务器、链路、网络设备、安全设备均被大量外部和内部用户共用。为了最大化利用设备资源并便于管理，云计算信息安全部署需要分散虚拟化。

（三）云计算信息安全的重要性

随着云计算应用领域的迅速扩大，云计算服务对信息服务产业的影响越来大，随之，云计算信息安全在信息服务产业的发展中将会发挥举足轻重的作用。

一方面，云计算的信息安全与国家信息安全息息相关。目前，信息技术逐渐被以美国为首的发达国家所垄断，世界上只有谷歌、雅虎、微软、IBM 和亚马逊等几家跨国大企业，真正拥有研发和提供云计算服务的实力。发展中国家在云计算技术方面根本没有优势，发展中国家的信息安全和主流思想文化都面临着挑战。大量使用国外云计算服务，会将国家的信息安全交到国外公司手中，严重威胁着国家信息安全。

另一方面，云计算信息安全直接关系用户的信息和业务安全。云计算应用的特性是无处不在，用户可随时通过网络取得数据，这使得安全性变得特别重要——如何保障云中数据安全，将会是云计算发展的关键。现在云端服务的信息安全问题尤为重要，若被盗取的是重要的商业机密，如运营数据、产品资料等，就会使企业失去核心竞争力。

二、发展现状

（一）云计算信息安全政策法规不断完善

世界各国对云计算信息安全的重视程度不断加强，印度、澳大利亚等国逐步推出云计算信息安全相关政策法规。2013 年 7 月 2 日，印度政府公布《国家网络安全政策（2013）》。该政策提出加强保护印度的关键基础设施，协助调查和起诉网络犯罪，在未来五年发展 500000 熟练的网络安全专业人员等 14 项目标。为了实现这些目标，印度政府制定了许多行动项目的政策细节，包括：设定一个国家机构以协调所有的网络安全事项；鼓励所有公营及私营机构指定一名首席信息安全官，负责网络安全；设定一个动态的法律框架，以应对云计算，移动计算和社交媒体领域的发展导致网络安全的问题；经营国家关键信息基础设施保护中心；促进研究和开发网络安全；加强全球合作打击网络安全威胁；培养网络安全教育和培训计划；建立公共和私营部门伙伴关系。2013 年 5 月，澳大利亚政府正式公布国家云计算战略。该战略文件表示：云计算服务的用户不再需要购买、建造、安装和运营昂贵的计算机硬件，用户只需通过无处不在的可用有线或无线网络，访问作为公用事业服务的计算资源。

（二）云计算信息安全标准逐步形成

全球对云计算信息安全重视程度不断加强，逐步完善其云计算信息安全标准。美国国家标准技术研究院，在 2013 年 7 月 12 日之前征求了对于联邦政府云计算安全的草案，联邦机构开始将应用程序迁移到云计算环境下，美国国家标准和技术制定标准和准则保障其过渡，最新的文件云计算安全参考架构草案 SP 500-299 建立可基于风险的责任制，从而实现整个云生命周期必要的安全控制，该安全参考架构借鉴和补充一些其他 NIST 的出版物，以保障云计算所需的安全性。PCI 安全标准委员会，2013 年 2 月补充 PCI DSS 云计算指引，提出了关于 PCI 数据安全标准（PCI DSS），该标准涉及云计算的安全部署及服务模式；通过了解角色和职责，分析角色和责任不同的部署模型、不同的服务职责，以及嵌套的服务提供商的关系，详细的介绍了云供应商 / 云客户关系；介绍 PCI DSS 注意事项；PCI DSS 合规性等。国际电联成员同意了新的云计算标准（ITU-T 建议书），SG13 会议上敲定批准的 ITU-T Y.2705 建议、应急通信服务中心（ETS）互连的最低安全要求，并达到第一阶段的云计算的第一个 ITU 标准审批：ITU-T Y.3501 建议，云计算框架和高层次的要求；ITU-T Y.3510 建议，云计算基础设施要求；ITU-T Y.3520 建议，云计算架构为最终结束资源管理。国际标准组织（ISO）涉及云计算领域的是联合技术委员会（JTC）1/subcommittee（SC）38，2013 年 4 月，云计算的标准更新，并重新发布草案标准 ISO/IEC 27017 许可。

（三）形成较为成熟的信息安全产品

当前，国际市场上云计算信息安全产品已经比较成熟，迈克菲、赛门铁克、IBM 等企业均推出相关产品，产品覆盖数据丢失防护、Web 安全、数据库安全、集成套件产品、云安全解决方案等多种云计算信息安全应用。

在数据丢失防护方面，形成了一系列信息安全产品，例如，迈克菲数据丢失防护通过保护位于网络、存储系统、终端中的敏感数据来捍卫知识产权并确保合规性，同时还可凭借集中式部署、管理和报告来节省时间和资金。赛门铁克的数据丢失防护，简化了检测和防护过程，推动工作负载风险管理，帮助工作负载正确选择公共云或专用云，帮助企业控制和定义基于云的资产的审计范围。

在网络安全方面，形成了一系列信息安全产品。迈克菲的网络保护结合了先进的 Web 安全、控制以及部署灵活性，对现场解决方案的控制和在"安全即服务"

管理方面的易用性方面都具有优势。趋势科技 Web 安全网关—IWSA 整合云安全技术，提供网关即插即用的保护，IWSA 系列产品在网关处针对基于 Web 方式的威胁为企业网络提供动态的、集成式的安全保护，最大程度保证恶意程序在进入内部网络前就被清除掉。

在电子邮件安全方面，形成了多样的云计算安全产品。迈克菲电子邮件安全可提供绝佳的云电子邮件安全性和灵活性。迈克菲实验室通过提供最全面的 Global Threat Intelligence 来保障云安全。趋势科技邮件安全网关是高性能、高可靠性的邮件网关安全设备，采用邮件信誉技术、IP 连接控制、垃圾邮件智能分析引擎、垃圾邮件比对数据库等多种技术阻止垃圾邮件的入侵，同时集成防病毒、防间谍软件、防网络钓鱼和深度内容过滤技术，为邮件应用提供一体化的综合防护。

在云安全解决方案方面，Fortinet 云计算安全解决方案覆盖了从链路、网络、系统、内容到 Web、DB 等关键应用的安全需求，避免了安全短板，为云计算数据中心构建了立体安全防御体系，全面防御各类混合型攻击和 APT 攻击。Fortinet 云安全解决方案不仅建立了从网络基础架构到关键应用的安全融合防御体系，满足云计算多层次的安全需求；并运用了多种硬件加速技术，为云计算提供数据中心极高的安全性能；还结合了大量虚拟化技术，无缝贴合云计算网络架构，是一套为云计算环境量身定制的安全解决方案。

目前，在云计算信息安全领域已经形成非常丰富的产品。除此之外，还有数据库安全、集成套件产品、关键系统防护、VeriSign 验证服务、安全框架、安全设备虚拟化和安全软件虚拟化技术、多 ASIC 芯片硬件处理构架，统一可视化安全管理及智能响应等多类信息安全产品。

（四）云计算信息安全方面的社会交流不断加强

随着云计算的广泛应用，社会各界对云计算安全的重视程度不断加强，各界人士对云计算安全的交流不断加强。2013 年 11 月 8 日，柏林举行 CCSW 研讨会，旨在汇集研究人员和从业人员就信息安全方面的问题展开深入的交流与讨论，讨论内容涉及：云安全实用的加密协议；安全的云资源虚拟化机制；安全的数据管理外包（例如，数据库作为服务）；外包实用的保密性和完整性的机制；云为中心的威胁模型的基础；安全计算外包；在云中的远程认证机制；沙箱技术和基于虚拟机的执法；云互信和政策管理；安全身份管理机制；新的云感知的 Web 服务安全范例和机制；云为中心的合规性问题和机制；业务和安全风险模型和云；成本和可用性的云安全模型及其相互关系；全球尺寸云中的安全性的可扩展性；可信计算技术和云；远程认证和云保护的软件二进制分析；网络安全（ DOS, IDS 等）云上下文机制；新兴的云编程模型的安全性；能源 / 成本 / 效率在云中的安全性。

三、面临的主要问题

（一）传统信息安全技术不能满足云计算信息安全需求

云计算信息安全是云计算与信息安全的深度融合的产物，传统的信息安全技术和产品也被用于防范云计算中的安全威胁，例如，可靠性、验证和授权、数据丢失连带责任以及信息生命周期管理等方面。然而随着云服务的逐渐普及，传统的信息安全技术已经不能支撑和满足云计算的快速发展，专业的云计算信息安全技术亟待开发。

（二）虚拟化技术引发新的安全风险

服务器虚拟化技术，是指通过运用虚拟化的技术充分发挥服务器的硬件性能，是将单台物理服务器虚拟出多台虚拟机，并独立安装各自的操作系统和应用程序，能够在确保企业投入成本的同时，提升服务器的利用效率，提高运营效率，带来更多的经济效益。然而虚拟化技术可能带来三类信息安全风险。第一，虚拟机应用程序的安全漏洞。Web 前端的应用程序、各种中间件应用程序及数据库程序等，应用程序是云服务交付的核心组成，然而这些应用程序在云计算环境下存在安全漏洞。第二，虚拟化软件底层的应用程序本身可能存在的一些安全漏洞。虚拟化软件底层的应用程序自身的安全漏洞将影响到整个物理主机的安全。第三，虚拟机流量交换引入的信息安全风险。虚拟化环境下，单台物理服务器虚拟化出多个完全独立的虚拟机，且运行不同的操作系统与应用程序，各虚拟机之间存在直接的二层流量交换，且不需要经过外置的二层交换机，这部分流量不可见、不可控。

（三）云计算用户数据面临泄露和丢失的风险

用户数据泄露或丢失使云计算信息安全面临巨大的安全风险。在云计算环境中用户数据传输和存储信息时，用户对于数据在云中的安全风险完全依赖于服务商并没有实际控制能力，一旦服务商本身对于数据安全管理出现疏漏，易引起数据泄露或丢失现象。

（四）云计算面临用户身份认证的安全风险

云计算服务商对外提供云服务的过程中，需要引入严格的身份认证机制，如果运营商的身份认证管理系统存在安全漏洞或管理机制存在缺陷，则可能引起用户的账号被仿冒，特别是企业用户的数据被"非法"窃取。在云计算环境下，随着云端用户安全接入及访问控制出现新的需求，云计算服务提供商需要为每位用户提供自助管理界面，潜在安全漏洞又将导致各种未经授权的非法访问，并且薄弱的用户验证机制也埋下了云计算信息安全巨大的隐患。

（五）移动云安全面临新的挑战

恶意软件、保密和访问认证等问题威胁移动云计算信息安全。随着移动互联网的迅速普及，各类针对移动终端的病毒层出不穷。手机病毒已经从原先简单的系统破坏、恶意扣费扩展到隐私窃取、金融盗号和窃听监控等，对用户的威胁性进一步加大。

第三十一章 大数据信息安全

一、概述

（一）相关概念

1. 大数据的概念

业界对大数据的定义不尽相同，一般来讲，大数据（Big Data）是指"无法用现有的软件工具提取、存储、搜索、共享、分析和处理的海量的、复杂的数据集合"。Apache 公司认为大数据是指"为更新网络搜索索引需要同时进行批量处理或分析的大量数据集"；研究机构 Gartner 认为大数据是"需要新处理模式才能具有更强的决策力、洞察发现力和流程优化能力的海量、高增长率和多样化的信息资产"；维基百科将大数据定义为那些"无法在一定时间内使用常规数据库管理工具对其内容进行抓取、管理和处理的数据集"；麦肯锡公司认为大数据是"大小超出了典型数据库软件工具收集、存储、管理和分析能力的数据集"；亚马逊认为大数据是"任何超过了一台计算机处理能力的数据量"；野村综合研究所认为广义的大数据"是一个综合性概念，它包括难以进行管理的数据，对这些数据进行存储、处理、分析的技术，以及能够通过分析这些数据获得实用意义和观点的人才和组织"；美国白宫的"大数据开发计划"认为大数据开发是"从庞大而复杂的数字数据中发掘知识及现象背后本质的过程"。

以上定义的角度各不相同。从对象角度看，大数据是大小超出传统信息技术采集、储存、管理和分析等能力的数据的集合；从技术角度看，大数据是从大数据对象中快速获得有价值信息的技术及其集成；从应用角度看，大数据是对特定大数据集合，集成应用大数据技术，获得有价值信息的行为。

2. 大数据的特征

一般来讲，业界通常用四个 V（即 Volume、Variety、Value、Velocity）来概括大数据的特征。

一是数据量巨大（Volume）。到目前为止，人类生产的所有印刷材料的数据量是 200PB（1PB=1000TB），全人类说过的所有的话的数据量大约是 5EB（1EB=1000PB）。当前，典型个人计算机硬盘的容量为 TB 量级，而一些大企业的数据量已经接近 EB 量级。

二是数据类型繁多（Variety）。这种类型的多样性也让数据被分为结构化数据和非结构化数据。相对于以往便于存储的以文本为主的结构化数据，非结构化数据越来越多，包括网络日志、音频、视频、图片、地理位置信息，等等。多类型的数据对数据的处理能力提出了更高的要求。

三是价值密度低（Value）。价值密度的高低与数据总量的大小成反比。以视频为例，一部一小时的视频，在连续不间断监控过程中，可能有用的数据仅仅只有一两秒。如何通过强大的机器算法更迅速地完成数据的价值"提纯"，是目前大数据汹涌背景下亟待解决的难题。

四是处理速度快（Velocity）。这是大数据区别于传统数据挖掘最显著的特征。根据 IDC 的"数字宇宙"的报告，预计到 2020 年全球数据使用量将会达到 35.2ZB。在如此海量的数据面前，处理数据的效率就是企业的生命。

3. 大数据信息安全

大数据信息安全主要集中体现在以下五个方面：一是网络安全。大数据与网络密不可分，随着越来越多的交易、对话、互动和数据在网上进行，针对大数据的网络犯罪行为日益猖獗。二是云平台中的数据安全。云计算平台是大数据汇集的主要载体，在云中的大数据成为极具吸引力的攻击目标。三是个人设备安全。个人设备成为大数据的外延，攻击个人设备可能获得操作大数据的权限。四是供应链安全。企业往往是复杂的、全球性的和相互依存的供应链的一部分，而这一部分往往可能是最薄弱的环节。五是数据保密。大量数据产生、存储和分析，数据保密问题将在未来几年内成为一个更大的问题。

（二）大数据信息安全的特点

大数据是信息爆炸的产物，大数据信息安全的特点包括：

大数据事关国民经济运行。大数据堪称智能交通、智能电网、智慧城市等国民经济运行和社会发展高度依赖的信息基础设施"血液"，这些重要的信息系统、基础设施，网络化智能化程度越高，安全也就越脆弱；速度越快，风险也就越大。只有健康发展，才会能力无限，一旦安全无法保障，定会造成巨大灾难。

大数据事关社会政治稳定。我国网民已近6亿，每时每刻都在产生着、消费着大量的数据。网络的放大效应、传播速度和动员能力越来越大，各种社会矛盾碰头叠加，致使社会群体性事件越来越频繁，社会维稳压力不断增大。这些群体性事件的爆发非常快，预测非常难，给国家的管控带来很大的冲击。对群体性事件的预防、疏导和处置，同样是一场越来越大数据化的挑战。

大数据事关个人隐私保护。在信息时代，我们可以利用的信息技术工具无处不在，有关我们的各种信息也同样无处不在。在网络空间里身份越来越虚拟，但是隐私越来越重要。哈佛大学近期的一项研究显示，只要知道一个人的年龄、性别和邮编，从公开的数据库中便可识别出该人87%的身份。

大数据事关国家安全利益。网络空间信息安全问题的严重性、紧迫性，在很大程度上已超过其他传统的安全问题。在高度不确定的网络空间里，风险越来越多样，防不胜防。放眼世界，从"911"之后的反恐，东欧的颜色革命，再到中东、北非的茉莉花革命……当今主权国家所面对的非传统安全威胁，总是面临着"沧海一粟"的困境，政府要找的那根针，总是沉没在浩瀚数据的大海里。

大数据事关国家秘密保护。举世瞩目的阿桑奇和斯诺登事件生动昭示着大数据的严酷挑战。"维基解密"几次泄露美国军事外交等机密，规模之大，影响之广，震惊全球。斯诺登打开的"棱镜门"向全世界折射出网络空间国家与个人、控制与反控制、渗透与反渗透的奇异色彩。美国国家安全局与九大网络巨头的关系正是计算能力与海量信息的结合。

（三）增强大数据信息安全保障能力的重要性

2012年瑞士达沃斯论坛上发布的《大数据，大影响》报告称，数据已经成为一种新的经济资产类别，就像货币或黄金一样。美国奥巴马政府已经把大数据上升到了国家战略层面，2013年3月29日美国宣布投资2亿美元启动"大数据研究和发展计划"，借以增强收集海量数据、分析萃取信息的能力。美国政府认为，大数据是"未来的新石油"，一个国家拥有数据的规模、活性及解释运用的能力将成为综合国力的重要组成部分，未来对数据的占有和控制甚至将成为继陆权、海权、空权之外国家的另一个核心资产。

大数据所能带来的巨大商业价值，被认为将引领一场足以与20世纪计算机革命匹敌的巨大变革。大数据正在对每个领域都造成影响，在商业、经济和其他领域中，决策行为将日益基于数据分析做出，而不是像过去更多凭借经验和直觉。大数据正在促生新的蓝海，催生新的经济增长点，正在成为政府和企业竞争的新焦点。

促进大数据健康发展，必须解决大数据引入的信息安全新挑战。日益汇聚的海量数据可能包含大量敏感数据，且通过对海量数据进行数据挖掘、关联分析，从普通数据中提取的、具有统计意义的信息变得尤为敏感。这些信息可能涉及国家经济运行走向、社会舆情动态等，数据一旦泄露，可能会威胁国家政治安全、经济安全、社会稳定和国家安全。非常有必要采取措施，增强信息安全保障能力，为大数据发展保驾护航。

二、发展现状

（一）大数据信息安全标准制定提上日程

多家标准制定机构开始着手制定大数据信息安全标准。例如，美国国家标准技术研究所（National Institute of Standards and Technology，NIST）开始启动大数据信息安全标准制定工作，重点针对大数据技术互操作性、可靠性和可用性等方面；云安全联盟（CSA）成立了大数据工作组，该工作组成员超过60人，工作方向主要包括：数据安全分析、隐私保护与增强技术、大数据加密、政策与监管等。2013年8月，中国国家标准《信息安全技术 云计算服务安全能力要求》和《信息安全技术 云计算服务安全指南》正式公开征求意见，在标准中明确了对数据的处理流程和相关规定，为大数据信息安全标准制定提供了参考。

（二）信息技术企业开始进军大数据安全领域

大数据信息安全已经成为信息安全领域的蓝海，各国信息技术产业开始进军大数据信息安全领域。一方面，传统的信息安全企业开始针对大数据特点研发大数据防火墙和新型查杀病毒、木马的信息安全工具；另一方面，具有采集、汇聚数据能力的信息技术企业开始研发大数据分析工具，以大数据技术来防范高级可持续攻击等普通手段难以防范的安全威胁。例如，2013 年 8 月，启明星辰声称已经开始给某些大型客户定制开发"APT 检测及预警体系"，其中采用 Hadoop 结构进行数据采集和存储，并在大数据环境下进行全流量的存储和浓缩，从经济成本和时间成本两方面，把对高级可持续攻击的检测提升到用户可以接受的程度。9 月，新型数据安全公司 CrowdStrike 获得由 Accel Venture Partners 和 Warburg Pincus 领投的 3000 万美元。CrowdStrike 是新型安全公司的代表之一，充分利用了复杂的数据分析技术来创建出一个个不可见的数据网眼，这些网眼能侦测异常的网络负载和异常现象，识别是否存在攻击。

（三）对大数据信息安全的重视程度不断加大

随着海量数据的进一步聚集，数据成为国家重要的战略资源，各国纷纷加大对大数据信息安全的重视程度。美国等国家已经启动多项大数据网络安全相关项目。例如，美国国防部高级研究计划局正在开展多级别异常监测（ADAMS）项目，目的是解决海量网络数据中的异常监测和鉴别问题；"内部人网络威胁"（CINDER）项目旨在研发监测军事计算机网络中间谍活动的方法；"Insigh"项目旨在开发资源管理系统，以分析网络海量数据，确定网络威胁和不规则战争；"心灵之眼"项目主要用于帮助无人系统智能分析流媒体数据，自动发现和报告重要信息。2013 年 8 月 22 日，中国发布《国家发展改革委办公厅关于组织实施 2013 年国家信息安全专项有关事项的通知》，决定在国家信息安全专项中重点对大数据信息安全领域进行支持，重点研发大数据信息安全领域的高性能异常流量检测和清洗产品、大数据平台安全管理产品等。

三、面临的主要问题

（一）大数据成为网络攻击的"大目标"

在网络空间中，大数据成为更容易被"发现"的大目标，承载着越来越多的关注度。一方面，大数据不仅意味着海量的数据，也意味着更复杂、更敏感的数据，这些数据会吸引更多的潜在攻击者，成为更具吸引力的目标。另一方面，数据的大量聚集，使得黑客一次成功的攻击能够获得更多的数据，无形中降低了黑客的进攻成本，增加了"收益率"。

（二）大数据加大了隐私泄露风险

网络空间中的数据来源涵盖非常广阔的范围，例如传感器、社交网络、记录存档、电子邮件等，大量数据的聚集不可避免的加大了用户隐私泄露的风险。一方面，大量的数据汇集，包括大量的企业运营数据、客户信息、个人的隐私和各种行为的细节记录，这些数据的集中存储增加了数据泄露风险。另一方面，一些敏感数据的所有权和使用权并没有明确的界定，很多基于大数据的分析都未考虑到其中涉及到的个体的隐私问题。

（三）大数据对数据存储和安防措施提出新要求

大数据存储带来新的安全问题。数据大集中的后果是复杂多样的数据存储在一起，例如开发数据、客户资料和经营数据存储在一起，可能会出现违规地将某些生产数据放在经营数据存储位置的情况，造成企业安全管理不合规。大数据的大小影响到安全控制措施能否正确运行。对于海量数据，常规的安全扫描手段需要耗费过多地时间，已经无法满足安全需求。安全防护手段的更新升级速度无法跟上数据量非线性增长的步伐，大数据安全防护存在漏洞。

（四）大数据成为高级可持续攻击的载体

黑客利用大数据将攻击很好地隐藏起来，使传统的防护策略难以检测出来。传统的检测是基于单个时间点进行的基于威胁特征的实时匹配检测，而高级可持续攻击（APT）是一个实施过程，无法被实时检测。同时，APT攻击代码隐藏在大量数据中，让其很难被发现。此外，大数据的价值低密度性，让安全分析工具很难聚焦在价值点上，黑客可以将攻击隐藏在大数据中，给安全服务提供商的分析制造了很大困难。黑客设置的任何一个会误导安全厂商目标信息提取和检索的攻击，都会导致安全监测偏离应有的方向。

第三十二章　移动互联网信息安全

一、概述

（一）相关概念

1.移动互联网

移动互联网（MobileInternet，简称 MI）是一种通过移动智能终端，采用移动无线通信方式获取业务和服务的新兴业态，包含终端、软件和应用三个层面。终端层包括智能手机、平板电脑等；软件层包括操作系统、中间件、数据库和安全软件等；应用层包括数字娱乐、生活服务、社交网络、商务财经等多种类别的应用与服务。随着技术和产业的发展，4G LTE 和近场通信新兴技术也逐渐成为移动互联网的基础和应用技术。

2.移动互联网信息安全威胁

目前，移动互联网面临的主要安全威胁包括以下几方面：

一是智能终端安全无法保证。移动智能终端的功能越来越复杂，可以下载安装各种应用，容易遭受恶意软件和黑客等的攻击，出现比传统计算机更严峻的安全问题。由于用户安全防范意识薄弱、终端本身存在安全漏洞，导致用户手机终端受攻击的概率比传统 PC 机高得多。由于移动智能终端的随身性和私密性，用户还面临着隐私泄露、资费盗取、垃圾信息骚扰等安全问题。

二是移动网络的不可靠性。传统有线网络中最有效的安全机制是等级保护和边界防护，但在移动互联网环境下，不再存在明显的网络边界，用户可以随处接入并且可以跨区漫游，因此像安全域划分、防火墙部署这样的等级保护和边界防护机制在移动互联网环境下不再适用。这些都造成移动互联网较传统网络具有更大的不可靠性。

三是业务的安全威胁。由于移动互联网固有的随身性、身份可识别等特性产生了多种多样的业务形式，但也带来了更多的安全隐患，如多种途径的对信息系统的攻击、敏感数据泄露、资费盗取、垃圾信息泛滥、非法内容的传播、个人隐私信息泄露、产品和内容盗版等问题。尤其移动办公、移动支付、社交网络等对移动互联网信息安全提出了更高的要求。

四是运营支撑安全。运营支撑主要涉及网络及基础服务提供商，涉及的安全内容包括用户身份及鉴权、流量控制、安全审计、资费管理、非法内容过滤与舆情管控、版权内容保护与访问控制等。由于移动互联网智能终端具有移动性大、业务种类丰富、用户身份与权限管理复杂等特点，运营与网络安全监控和管理的工作也更加繁重。另外，移动互联网上垃圾信息和非法信息大量传播，管控难度大，基于内容的安全问题更加严重。

（二）移动互联网信息安全特点

移动互联网信息安全具有有别于传统网络安全的独有特点，主要表现在：

一是移动互联网的多样性带来信息安全问题的复杂性。移动互联网具有接入方式多样、移动终端多样、应用软件多样的特性。接入方式多样，表现在移动网络多种制式并存、多种接入方式并存、多种网络设备并存，每个环节都会引入新的安全问题。移动终端多样表现在终端的种类、型号、操作系统、外围硬件等多样。应用软件多样性表现在应用软件数量多，功能丰富，覆盖了游戏、音频、视频、餐饮、生活服务、购物、阅读、学习、办公、社交、金融、位置服务，等等。几乎包含人们生活的方方面面。移动互联网的多样性固然给人们的生活和工作带来了巨大的便利、产生了新的商机并推动移动互联网相关产业迅速发展，同时也使人们对移动终端的依赖性加大，个人隐私信息泄露的风险增加，黑客攻击的途径和方式极大扩展，带来了大量的信息安全问题。

二是随时随地在线的特性使得威胁随时存在。移动互联网基于无线电波的数据传输方式，使得移动终端可以方便地接入，但也增加了信息被截获和泄露的风险。用户随时随地接入移动互联网，容易泄露自己的行踪等信息。移动互联网永远在线的特性使得信息可以随时推送到用户面前，但强制广告、垃圾短信等也随之而来。长时间地暴露在网络中也使得黑客更加容易地进行跟踪和入侵。对企业来说，由于移动设备大量使用，接入企业移动网络，打破了企业网络安全边界，对移动设备的安全管理，也成为企业面临的一大难题。

（三）移动互联网信息安全重要性

随着 3G、4G 以及 WIFI 等高速移动网络技术的迅速发展和普及，移动互联网已成为社会生产生活中不可或缺的组成部分，保证移动互联网的信息安全也越来越重要，重要性主要表现在以下几方面：

一是移动互联网的信息安全关系到各国的国家安全。当前，网络空间已成为国家竞争的一个新领域，包括移动互联网在内的网络空间的斗争已成为各国国家安全面临的严重问题。在移动互联网相关的知识产权、电子芯片、网络设备、安全设备、操作系统等领域，西方发达国家仍然处于绝对的优势地位，全球技术、产业发展不平衡。发达国家利用其领先优势，对其他国家的包括移动互联网在内的网络空间安全造成极大威胁。2013 年，震惊世界的斯诺登事件披露的资料表明，美国已经在持续不断地在全球范围内窃听和监视包括移动互联网在内的全球网络和电话通讯，并且，美国已经能够破解当前移动网络的加密协议，因而，即使以前被认为安全的加密移动通讯也难逃美国的监视和窃听。美国的举动也引起各国反弹，网络军备竞赛有兴起之势。总体来看，当前的移动互联网是十分脆弱的，移动互联网的安全问题已经对各国的国家安全产生影响。

二是移动互联网的安全也影响到企业的信息安全。随着智能移动设备的增多，移动设备在企业生产环境的使用也不可避免的越来越频繁，企业也面临来自移动互联网的安全威胁，传统的网络安全威胁都可能在移动互联网上发生，包括企业商业信息泄露、数据被篡改、数据丢失、分布式拒绝服务攻击（DDoS）等。由于移动互联网的开放性，企业传统的基于边界防护的安全措施难以有效应用到移动互联网上，企业面临更复杂的网络管理与安全防护问题。

三是移动互联网的信息安全也与个人息息相关。智能终端承载了大量用户隐私信息，如通讯录、短信、网银账号密码、通话记录、行踪轨迹等，而由于智能终端可随时、随处在线，也使其更容易受到攻击，面临很大安全隐患。大量智能终端用户都面临恶意软件、流氓软件、强制广告等威胁，恶意软件还会偷跑流量、恶意扣费、偷取网银账号密码等，给用户造成经济损失。

二、发展现状

（一）移动互联网信息安全受到普遍关注

随着移动互联网覆盖范围不断扩展、基于移动互联网的应用不断丰富，移动互联网已渗透到社会生活的各个方面，移动互联网的信息安全也受到了从各国政府到各种社会团体、商业公司的普遍关注。

美国政府十分重视移动互联网信息安全，并积极进行相关调研。如 2013 年 8 月，美国国土安全部发布报告称，44% 的安卓手机正因为无法升级新系统而面临严重的安全威胁。报告称："44% 的安卓用户仍在使用 2.3.3 到 2.3.7 版本，也就是 2011 年发布的'姜饼'（Gingerbread），其中有很多后续版本修复了的安全缺陷。"2012 年移动系统遭到的恶意软件威胁中，安卓占了 79%，其次是塞班的 19%，苹果的 iOS 则仅有 0.7%，此外黑莓、Windows Phone 各占 0.3%。用户最容易遭到的安全威胁有三种：偷发短信的木马（约占总攻击的一半）、窃取密码信息的 Rootkit、假冒的 Google Play 域名。

非政府组织也开始关注移动互联网的信息安全问题。如 2013 年 4 月，美国公民自由联盟（ACLU）指责 Android 缓慢的更新时间表以及各平台版本的碎片化问题，使得运行 Android 操作系统的智能手机曝露在隐私泄露等安全问题之下。ACLU 认为运营商和厂商升级操作系统的速度太慢，大部分都在售卖过期的 Android 版本。软件更新的滞后，让智能手机用户更易受到黑客的攻击。ACLU 要求美国联邦贸易委员会修改美国无线运营商管理政策。

企业也越来越重视移动安全问题。越来越多的企业认识到，基于移动互联网的移动办公在给企业带来工作便利、成本降低和效率提高等好处的同时，也带来了企业信息安全管理方面的巨大挑战，纷纷加强企业移动互联网信息安全建设，购买相关软硬件、引入相关管理规范等。这也引发了企业移动互联网安全市场的迅速发展。

（二）各国加紧制定移动互联网信息安全相关标准规范

面对移动互联网带来的安全挑战，各国积极制定相关的标准规范，完善相关技术、产品、管理等的标准。如美国国防部 2013 年 4 月发布《移动操作系统安全要求》，包括 138 项针对移动操作系统的安全要求细则，对国防部使用的移动操作系统提出了一系列安全要求，包括强制访问控制、启动与解锁、事件记录、日志审计等。我国也积极制定移动智能终端安全标准体系。工业和信息化部电信研究院实施了"支持自主知识产权操作系统的移动智能终端的测试认证系统研发"和"移动应用软件认证与管理软件研发"两个智能终端安全相关重大专项，《移动智能终端安全设计导则》、《移动终端安全能力技术要求》等终端安全标准已经报批，《应用软件商店安全技术要求》、《移动代码签名技术要求》等应用商店和应用安全标准已经立项。工业和信息化部于 2013 年 4 月 25 日颁布了《移动智能终端安全能力技术要求》，并于 2013 年 11 月 1 日开始实施。该技术要求从移动智能终端安全能力技术要求、功能限制性要求、安全能力分级等几个方面对移动智能终端的安全能力做了较为细致的规定。

（三）移动互联网信息安全产业发展潜力巨大

以 iPhone 和 Android 手机为代表的智能手机越来越流行，这不仅成了网络犯罪分子攻击的目标，同时还促生了规模巨大的移动安全市场，引得传统的网络安全公司、移动运营商及手机厂商等纷纷出动，竞相推出相关产品及服务来在这一市场占据一席之地，移动互联网的安全挑战也为这些公司创造了谋求新发展的机会。国际市场研究公司 Infonetics 预测，最近几年移动安全软件市场每年的销售增长超过 50%，2014 年这一市场规模将达 20 亿美元。

面对规模日渐扩大的移动安全市场，移动运营商也不甘落后，试图能在其中占有一席之地。目前，沃达丰（Vodafone）和 TeliaSonera 等约 40 家移动运营商已经与移动安全专家 F-Secure 签署了协议，向智能手机用户提供杀毒软件及防盗保护。法国电信也向不同市场推出相关的移动安全产品及服务。美国运营商 AT&T 也开展移动安全产品业务。

三、面临的主要问题

（一）移动互联网信息安全形势不断恶化

随着互联网移动化发展态势明显，其发展速度已经超过传统互联网，将进入暴增期，而这种爆发式的增长将对个人用户和企业安全带来新的挑战。

移动互联网相关的安全漏洞不断被发现，新型病毒不断涌现，攻击方式花样百出，使得移动互联网的安全问题不断爆发，并迅速大范围扩散，造成严重损失。移动安全服务提供厂商网秦发布的《2013年上半年网秦全球手机安全报告》显示，2013年上半年查杀到手机恶意软件51084款，同比2012年上半年增长189%；2013年上半年感染恶意软件的手机2102万部，同比2012年上半年增长63.8%。移动安全厂商和恶意软件制造者之间斗争将在2014年变得更加激烈，安全形势愈加严峻。

用户安全意识的薄弱也促进了移动互联网信息安全问题的恶化。很多用户对终端安全缺乏认识，或者存在侥幸心理，或者认为使用安全软件麻烦、对终端性能产生影响等，导致主动给移动智能终端安装安全软件的用户很少，造成了终端安全的极大漏洞。据市场调研机构Juniper Research公布的题为《移动安全策略：威胁、解决方案及市场预测（2012~2017年）》的报告显示，尽管恶意软件、欺诈和设备被盗的威胁不断增加，但就全球范围来看，只有5%的智能手机和平板电脑安装了安全软件。

（二）各国技术与产业发展不平衡

在移动互联网及移动互联网信息安全领域，西方发达国家尤其是美国，依靠其人才、知识产权、技术等优势，占据了移动互联网标准、技术、市场的有利地位。目前，以美国为首的发达国家在集成电路芯片、智能终端操作系统、网络设备、安全设备与技术都处于领先或垄断地位。在移动互联网的核心技术智能终端操作系统方面，苹果、谷歌、微软三大巨头几乎占据了全部市场份额。发达国家通过技术先进进而垄断市场，打压其他国家本地移动互联网信息安全产业，造成落后国家在移动互联网信息安全技术、产品与服务对发达国家的依赖，在事关国家、民众切身利益的移动互联网信息安全领域缺乏自主可控性。

（三）移动互联网成为大国博弈的新领域

包括移动互联网在内的网络空间成为大国博弈的新战场。美国等发达国家通过控制核心的智能终端操作系统，可以有效地控制和重整上下游产业链，进而对移动互联网行业施加巨大影响。美国公司很可能与美国政府合作，在其生产的芯片、操作系统、网络设备等安装后门，对其他依赖国家的信息安全造成重大威胁。"棱镜门"事件揭露了美国在全球范围内进行监听、监视、信息收集等活动。

在移动互联网领域，美国利用其技术优势，破解了大量安全协议和网络密钥，大肆监听包括其盟友在内的世界各国。美国的做法也引起了一些国家的反弹，造成互联网气氛更加紧张。由于"棱镜门"的影响，各国纷纷推出数据存储本土化计划，在保护数据安全意愿的推动下，许多国家都在扶持本国 IT 公司以求摆脱谷歌、微软以及其他美国科技巨头的压制。一些欧洲领导人已经开始呼吁"欧元云"系统。巴西则准备推出法案，要求巴西人的数据存储在国内的服务器上。印度已经计划禁止政府雇员使用谷歌或雅虎提供的电子邮件服务。据英国《卫报》报道，俄罗斯政府计划启动类似"棱镜"的监控项目，俄罗斯相关部门已经对其国内的手机以及 WiFi 网络进行了升级以方便监控。随着各国对各自网络安全的越发重视，基于移动互联网的明争暗斗也在不断加剧。

第三十三章　工业控制领域信息安全

一、概述

（一）相关概念

1. 工业控制系统的概念

工业控制系统（Industrial Control System）是工业生产中所使用的多种控制系统的统称，典型形态包括监控和数据采集系统（SCADA）、分布式控制系统（DCS），以及可编程逻辑控制器（PLC）等小型控制系统装置。

2. 典型工业控制系统

典型工业控制系统主要包括：

监控和数据采集系统（SCADA）用于数据采集与控制，对大规模远距离地理分布的资产与设备进行集中式管理。SCADA 对数据采集系统、数据传输系统和人机接口进行集成，以提供一个集中监控多个过程输入和输出的系统。SCADA采集现场信息，传输到中央计算中心，以图形和文本形式向操作员展示，使操作员能够实时的对整个系统进行集中监视或控制。SCADA 是广域网规模的控制系统，常用于电力和石油等长输管道的过程控制。

分布式控制系统（DCS），是集中式局域网模式的生产控制系统，通过对各控制器进行控制，使它们共同完成整个生产过程；通过对生产系统进行模块化，减少单点故障对整个系统的影响。通过接入企业管理信息网络，实现实时生产情况的展现。DCS 主要用于各种大、中、小型电站的分散型控制、发电厂自动化系统的改造以及钢铁、石化、造纸、水泥等过程控制行业。

可编程逻辑控制器（PLC），是具有计算能力的固态设备，具有独立进行一定的采集、计算、分析和对工业设备与工业过程进行控制的功能。PLC还可以直接作为小规模控制系统进行生产过程控制，也常常在SCADA和DCS系统中作为整个系统的控制组件对本地系统进行管理。在SCADA系统中，PLC可以起到RTU的作用；在DCS系统中，PLC起到本地控制器的作用。

工业控制计算机（IPC），是一种面向工业生产设计的计算机，在工业生产环境中完成对生产过程及其机电设备、工艺装备的检测与控制。

PLC/RTU，可编程逻辑控制器/远程传输单元，是工业控制系统中的硬件核心部分，通过对它们进行编写控制程序，PLC/RTU能够按照程序控制工业设备的运行和对其故障进行处理，并且把实时的数据上传到计算机进行进一步的分析、储存和处理。

仪器仪表，是对工业现场的过程数据进行度量和采集的仪器，如压力计、温度计、湿度计等。主要包括：长寿命电能表，电子式电度表，特种专用电测仪表；过程分析仪器，环保监测仪器仪表，工业炉窑节能分析仪器以及围绕基础产业所需的零部件动平衡、动力测试及产品性能检测仪，大地测量仪器，电子速测仪，测量型全球定位系统；大气环境、水环境的环保监测仪器仪表，取样系统和环境监测自动化控制系统产品等。

智能接口，是标准的工业通信接口，用于设备之间的互联，按照其通信协议不同而分为不同种类，如RS232、RS485串行通信接口、Modbus接口等。

工业现场网络，是在工业设备间进行数据传输的网络，比一般的计算机网络更注重稳定性和抗干扰能力，通常按照不同设备厂家的协议来命名，如西门子的Profitbus，RockWell的Rslink等。

工业控制软件，又叫组态软件，是开发人机界面用于操作员对工业现场的设备状态进行实时控制，对实时的告警数据进行响应，对历史数据进行分析的软件系统，如Wonderware的Intouch、Citect的CitectSCADA等。

历史数据库系统，是通过数据的压缩技术把工业现场以毫秒级变化的实时数据进行压缩存储，并且可以对几天前，几月前甚至几年前的生产设备数据进行查询还原。如Wonderware的InSQL、Citect的Historian等。

3. 工业控制系统信息安全

工业控制系统涉及多行业、多领域，其信息安全主要包括三个方面：一是网络安全。工业控制系统网络化趋势明显，传统网络威胁已经严重威胁工业控制系统信息安全。二是数据安全。存储在工业控制系统中的设计、工艺、运维、管理等数据的敏感程度更高，直接反映着一国工业生产、技术水平。三是管理安全。工业控制系统与生产、运维环节紧密联系，对管理提出了更高的要求。

（二）工业控制系统信息安全的特点

一是工业控制系统在设计之初未充分考虑信息安全问题。工业控制系统是工业自动化的产物，其在设计时更加注重可靠性、稳定性。目前在用的工业控制系统大多研制于上个世纪末期，当时的工业控制系统大多采用专用实时操作系统、Arcnet、FDDI 等网络设备和令牌环、令牌总线等特殊的网络协议，整个系统相对封闭，受到入侵的可能性不大，同时设计人员缺乏信息安全的意识，在系统架构方面基本上没有考虑信息安全设计。随着计算机和网络的广泛应用，不少厂家都对原系统进行升级，PCBase 系统、COTS 软件、TCP/IP 和以太网逐渐引入到工业控制系统中，但这些升级大多属于局部修改，未能全面考虑信息安全问题，导致了信息安全风险的逐步扩大。

二是传统互联网威胁向工业控制系统渗透。随着工业控制系统网络化、泛在化、智能化发展，越来越多的工业控制系统被连入企业内部管理网络甚至互联网，以提高工作效率。病毒、木马、恶意代码等传统的互联网威胁也随之入侵工业控制系统。

三是工业控制系统信息安全影响巨大。工业控制系统广泛应用于如电力、石化、钢铁、造纸、水泥等各种工业行业，一旦发生信息安全事件，将严重影响工业生产安全、人员安全、环境安全、社会稳定甚至国家安全。

（三）增强工业控制系统信息安全保障能力的重要性

工业控制系统是能源、水利、轨道交通等关键基础设施的大脑和中枢神经，一旦遭到破坏，将严重威胁国家经济安全、政治安全、社会稳定和国家安全。近年来国家支持的网络攻击活动频繁，引起了各国对网络战争的担忧，尤其是"火焰"等病毒威力强大，足以用来攻击任何一个国家，更使人相信未来针对一个国家发动网络攻击，以瘫痪该国的关键基础设施，并非绝无可能。工业控制系统信息安全成为关键基础设施正常运转、工业生产正常运行的基础保障，有必要增强工业控制系统信息安全保障能力。

二、发展现状

（一）工业控制系统信息安全相关措施纷纷出台

工业控制系统是关键基础设施的大脑和中枢神经，美国等发达国家纷纷出台政策法规，加强对关键基础设施的保护。例如，2013年2月，美国总统接连签署了《提高关键基础设施网络安全的行政命令》和《关键基础设施安全性和恢复力的总统令》，要求美国政府与运营关键性基础设施的合作伙伴加强信息共享，共同建立和发展一个推动网络安全的实践框架。命令提出要建立政府与私营机构信息共享机制，授权政府相关部门制定关键基础设施网络安全框架，要求国土安全部与特定部门制定支持关键基础设施所有者和运营商以及其他相关实体采用网络安全框架的自愿性网络安全计划，并对高危关键基础设施的鉴别予以明确规定。西班牙在2013年6月成立了工业网络安全中心（ICC），旨在解决该国关键信息和通信技术中存在的网络安全漏洞。ICC预计将确定"一整套操作、流程和技术"，以保障工业网络安全。该中心将从人力、流程和技术的角度对工业基础设施的信息管理、处理、存储和传输进行风险管控。ICC在声明中称，大多数基本服务设施和企业都依赖于ICT的正常运行，但基本服务设施同样依赖于工业系统的稳定运行，这些系统有的负责控制冷却塔和发电机，提供电力和灭火等功能。ICC将在2013年发布包括《西班牙工业网络安全路线图》、《西班牙工业网络安全现状》、《服务供应商的网络安全需求模板》等在内的5份文件。

（二）工业控制系统信息安全标准体系不断完善

国际上研究制定工业控制系统信息安全标准的机构主要有三个，即国际电工委员会（IEC）、国际自动化协会（ISA）和美国国家标准技术研究院（NIST）。IEC/TC65（工业过程测量、控制和自动化）下属的网络和系统信息安全工作组WG10与国际自动化协会ISA99委员会的专家成立联合工作组，共同制定IEC62443《工业过程测量、控制和自动化 网络与系统信息安全》系列标准，主要内容包括通用标准、策略与规程、系统级措施、组件级措施等。NIST发布的SP800-82《工业控制系统（ICS）安全指南》指出了典型工业控制系统的威胁和弱点，提出了消减相关风险的建议性措施。与此同时，中国也正在加紧工业控制系统信息安全标准制定工作，目前《信息安全技术 SCADA 系统安全控制指南》、《信息安全技术 安全可控信息系统安全指标体系》等标准已完成起草工作。

（三）工业控制系统风险信息共享能力不断增强

工业控制系统信息安全与所采用产品和系统的漏洞、后门等密切关联，风险信息共享对于加强工业控制系统信息安全尤为重要。目前，美国已经建立了较为完善的风险共享机制。隶属于国土安全部的基础设施信息收集部门（IICD）负责领导国土安全部的力量来收集和管理涉及关键基础设施的重要信息；国家基础设施协调中心（NICC）负责收集、维护、共享关键基础设施面临的威胁信息；美国国家基础设施保护中心（NIPC）负责与各地相关部门机构开展合作，收集、共享关键基础设施信息；美国工业控制系统网络应急响应组（ICS-CERT）致力于降低美国所有关键基础设施行业的风险，合作伙伴包括执法部门、情报机构，以及关键基础设施的所有者、运营者和承包商。此外，ICS-CERT 与海域国际和私营行业的应急响应组合作，共享与控制系统相关的安全事件和消减措施。目前，ICS-CERT 成为关键基础设施所有设备漏洞披露和信息共享的重要渠道。与此同时，中国工业和信息化部建立了工业控制系统信息安全风险提示制度，并不定期向外发布工控系统风险信息提示。截至目前，已经发布了西门子、罗杰康、施耐德等多家企业工控产品漏洞。

三、面临的主要问题

（一）针对关键基础设施及其控制系统的攻击更具目的性

与传统病毒攻击的漫无目的相比，近年来"震网"等病毒攻击具有越来越明确的针对性和目标性。"震网"、"火焰"病毒虽然也能像传统"蠕虫"病毒一样在网络上广泛传播，但三者并不以牟取经济利益为目的，其最终目标是特定国家的关键基础设施或工业控制系统，攻击旨在获取系统中的敏感信息，或者瘫痪关键基础设施运行。例如，"震网"病毒以伊朗核电基础设施为攻击目标；"火焰"病毒在 2012 年 4 月已经导致伊朗石油部、国家石油公司内网及其关联官方网站无法运行及部分用户数据泄露。

（二）国家成为工业控制系统网络攻击的重要支持和发动者

以往的网络攻击，攻击者多数是个人或黑客团体，但近年来国家政府开始加入进来。早在 2008 年，俄罗斯就因与格鲁吉亚的南奥塞梯问题对后者发动了网络攻击。2013 年 7 月，"棱镜门"泄密者斯诺登证实，美国和以色列共同开发了"震网"病毒。该病毒于 2010 年给伊朗核电站造成巨大破坏，延缓了伊朗的核计划。2012 年 6 月，"火焰"病毒入侵了包括伊朗在内的多个中东国家。经研究，"火焰"病毒代码与"震网"的某个特定模块有共同特征。而且，从病毒结构、病毒开发工作难度等来看，这些病毒不可能由几个黑客开发，专家分析认为这应当是某些国家的行为。

（三）高级可持续性攻击威胁日趋严重

高级可持续性攻击（APT）是针对特定组织的复杂且多方位的网络攻击，这类攻击目标性极强，一旦成功危害很大。攻击一般从搜集信息开始，搜集范围包括商业秘密、军事秘密、经济情报、科技情报等；情报收集工作为后期攻击服务。攻击可能会持续几天、几周、几个月、甚至更长时间，呈现出持续性的特点。自 2007 年出现以来，APT 攻击手段不断完善，攻击方式越来越隐蔽，攻击范围扩展到能源、运输、食品和制药等公用事业领域的企业和机构。

第三十四章　金融领域信息安全

一、概述

（一）相关概念

1. 金融领域信息系统的概念

金融领域信息安全主要涉及金融领域信息系统,金融领域信息系统是指银行、证券等金融机构运用现代信息、通信技术集成的处理业务、经营管理和内部控制的系统。信息系统风险是指信息系统在规划、研发、建设、运行、维护、监控及退出过程中由于技术和管理缺陷产生的操作、法律和声誉等风险。

2. 金融领域信息系统的特点

随着系统规模日益扩大，支撑金融机构业务系统的网络结构也变得越来越复杂。随着互联网的快速发展，金融行业网络业务拓展速度不断加快，金融行业信息系统已经外延至相应的网络和客户端。金融信息系统中处理的数据具有更高的时效性和敏感性，与一般信息系统中的数据有很大差异，具有以下特点。

一是及时性、有效性。金融信息系统的目的是为客户提供及时准确的各项资金融通服务。只有缩短资金在途时间、提高资金使用效率,才能充分发挥资金效益。为此，金融领域信息系统必须具有高精度、高速度、高容量物质基础。随着金融领域信息化程度的进一步加深，金融信息瞬息万变，金融信息的时效性越来越强。

二是准确性、可靠性。在金融领域信息系统中，货币化的电子数据直接代表资金量，其安全可靠变得尤为重要。为确保准确、可靠，必须加强包括数据采集、录入、加工、处理、存储、传输等全过程在内的安全保障能力。

三是连续性、可扩性。金融领域信息系统不仅要满足传统金融业务的需求，还须确保传统业务向信息系统的安全过渡，业务连续性显得尤为重要。随着信息技术的快速发展，以及新的金融工具和产品不断出现，金融领域必须要跟上技术发展，做好从现有信息系统向新型信息系统安全迁移的准备。

四是开放性、多功能性。金融领域信息系统不仅涉及到金融业内部的活动信息，也受到外部网络和信息系统的影响。为此，金融领域信息系统应具有广泛收集、处理、存储、传输大量数据信息的能力，即具有开放性。其功能也往往涵盖网上银行、手机银行、证券等多种功能。

五是安全性和保密性。金融领域信息通常关系各方的经济利益，客户信息保密是金融业的重要业务之一。金融领域信息系统在保持开放性的同时，必须确保客户信息安全。

3.金融领域信息安全

金融领域信息安全主要包括以下四个方面：一是网络安全。金融领域与网络密不可分，网络银行、手机银行、在线支付等金融活动对网络安全提出了更高要求。二是保密性。金融领域数据往往涉及姓名、身份、账号、款项出入等信息，直接关系金融用户运转、交易，具有更高的保密性要求。三是交易完整性。金融交易过程中任意一个环节一旦被攻破，将直接造成资金损失。四是实时性。证券等金融行业的交易与市场变化时刻相关，对实时性提出了更高要求。

（二）金融领域信息安全的特点

一是交易真实性、完整性的重要程度高于信息保密性与可用性。在金融行业的业务交互过程中，完整交易的真实与唯一非常关键，包括主体确认、交易数据信息确认等。

二是金融数据集中加剧信息安全风险。随着银行、证券等金融行业数据中心的建设，金融行业的数据进一步汇集，数据中心的安全将产生全局和全国性影响。

三是金融行业网络犯罪形式多样。一方面，犯罪分子通过病毒、木马窃取互联网用户的金融账号、密码等敏感信息，进而窃取用户资产；另一方面，犯罪分子直接对金融机构进行攻击，通过修改银行卡信息等对金融机构进行资产窃取。

（三）增强金融领域信息安全保障能力的重要性

随着信息技术的快速发展，信息系统和网络被广泛地运用于银行结算、在线支付等业务领域，网络在为金融领域带来便利的同时也引入了新风险，网络安全成为金融领域的薄弱环节。相关统计表明，我国利用网络进行各类违法犯罪的行为正以每年 30% 的速度递增，其中银行、证券机构是黑客攻击的重点，网络已经成为犯罪分子抢劫银行、破坏金融秩序的工具。金融领域网络安全事关金融稳定、经济发展和国家安全，必须加以重视。

二、发展现状

（一）对金融领域信息安全的重视程度不断加深

随着金融领域信息安全事件的频频发生，各国对金融领域信息安全的重视程度也不断加大。2013 年 2 月，美国总统奥巴马在国情咨文中称"网络敌人正试图破坏美国的电网、金融机构以及空中交通管制系统"，他呼吁国会尽快通过提高美国网络防御能力的法案。与此同时，中国也正在努力提高金融领域信息安全保障能力。2013 年 8 月 22 日，国家发改委发布《国家发展改革委员会办公厅关于组织实施 2013 年国家信息安全专项有关事项的通知》，决定在国家信息安全专项中重点对金融领域面临的信息安全实际需要进行支持，包括金融信息安全领域内的金融领域智能入侵检测产品、面向电子银行的 Web 漏洞扫描产品等。

（二）对网络金融交易的技术保障能力不断加大

身份认证、授权管理是互联网环境下保障用户资金流动安全的主要技术手段，随着信息技术的快速发展，基于 PKI 体系的信息安全产品成为保障金融领域信息安全的有力武器。目前，各主要国家均已建立了较为完善的 PKI 基础设施，数字证书已经成为保障网络金融交易的主要工具。当前，提供数字证书服务的全球性企业主要包括 VeriSign、Globalsign、Entrust 等。从国外几家超级跨国银行的使用情况来看，VeriSign 占据了绝对的市场份额。此外，手机短信、动态令牌等安全产品的应用也非常广泛。

（三）对金融领域信息系统的监管持续加强

随着网上银行的快速发展，主要国家纷纷加强对其的监管力度。例如，俄罗斯要求各银行的加密手段必须经过俄联邦通信和信息局或联邦安全局的认证。此外，各银行还应采取安全措施防止黑客攻击，保障用户名、密码以及电子签名的安全。美国各大银行都有相应的密码加密技术，防止黑客突破网络窃取资料，与此同时，美国对银行诈骗案的惩处非常严厉，有力震慑了网络金融犯罪分子。德国监管机构和行业协会组织也在不断提高网络银行的安全标准要求，德国警方能够直接监控针对网络银行的犯罪活动，联邦刑警局 24 小时监控可疑线索。

三、面临的主要问题

（一）传统互联网威胁向金融领域辐射

金融领域应用的信息系统、产品等在设计之初，并未充分考虑信息安全需求。随着电子商务的快速发展，在线支付、在线结算等金融业务与互联网的结合日益紧密，病毒、木马等传统互联网威胁已经危及金融领域安全。此外，金融领域的信息系统相当于网络上的银行，吸引了更多网络犯罪分子的觊觎。赛门铁克 2013 年初发布的《揭露金融木马的世界》白皮书显示，2012 年全球范围内 600 多家金融机构都遭受过网银木马的攻击。以近年来肆虐的"宙斯"木马病毒为例，其在过去五年中造成的全球性损失估计超过 1 亿美元。尽管当前金融领域网络安全技术取得了很大的改进，但当前采用的安全措施仍然不足以防范传统互联网威胁。

（二）金融机构成为网络攻击的重点目标

对金融机构进行网络攻击，不仅能够攫取直接的经济利益，还能破坏一国的金融秩序，金融机构成为网络犯罪分子、恐怖分子以及国家对抗的重点目标。近年来，针对金融机构的网络攻击事件频频发生。例如，2013 年 1 月，包括美国最大的 20 家银行在内的美国金融机构遭到大规模网络袭击，攻击手段主要是分布式拒绝服务攻击（DDoS）；3 月 20 日，韩国新韩银行、农业协同银行等多家金融机构的计算机和服务器遭到黑客攻击，导致计算机网络瘫痪。针对金融机构的网络攻击不仅严重干扰一国金融秩序，还会影响民众的正常生活、破坏经济正常运转、甚至危及国家安全。

（三）网络成为犯罪分子劫掠金钱的新途径

网络模糊了传统金融领域的界限，为犯罪分子"开辟"了新途径。美国司法部透露，2013 年 2 月 19 日网络攻击者攻陷了一家万事达卡预付借记卡的信用卡处理中心，窃取借记卡数据并修改其取款限制，"套现者"团队使用修改后的借记卡在全球 24 个国家和地区进行了 36000 宗套现交易，从自动取款机提走了约 4000 万美元。6 月 5 日，美国联邦调查局与微软公司合作捣毁了约 1000 个 Citadel 僵尸网络，这些网络在过去的 18 个月中可能从受害者的银行账户中窃取了超过 5 亿美元的资金。犯罪分子凭借黑客技术能够在网络上直接"抢银行"，极大地威胁了金融机构安全。

（四）虚拟货币成为犯罪分子洗钱的新渠道

随着网络经济的活跃，比特币等虚拟货币与实体货币之间已经建立起了某种兑换关系，这也为洗钱等传统金融犯罪活动提供了新渠道。比特币交易可以完全以匿名的方式进行，一旦交易完成就可以随时轻松销号。犯罪分子将非法所得兑换成虚拟货币，能够有效切断资金追踪链条。2013 年 5 月，美国在线支付服务公司 Liberty Reserve 因涉嫌从事大规模在线洗钱交易而被关闭。根据美国检察官的指控，该公司为犯罪分子提供各类违法服务，包括洗钱、毒品交易、窃取身份信息等。据报道，犯罪分子曾通过 Liberty Reserve，将窃自 27 个国家自动取款机上的 4500 万美元"洗白"。

热 点 篇

第三十五章　网络攻击

一、热点事件

（一）美国重点银行遭受网络攻击

2013 年 1 月 9 日，美国 20 家大银行遭到严重的网络攻击，攻击者自称"伊兹丁·哈桑网络战士"。此次攻击者采用了 DDoS 攻击，从而成倍地提高拒绝服务攻击的威力。华盛顿战略与国际研究中心计算机安全专家 James Lewis 表示，美国政府认为这些攻击无疑都是伊朗为报复美国对其制裁而进行的。美国金融系统的网络接连受到重大的攻击，仅 2012 年 9 月—2013 年 1 月，美国大银行就遭遇 3 次严重攻击。

（二）墨西哥国防部网站遭受黑客攻击

2013 年 1 月 16 日，墨西哥国防部的网站遭到攻击，其网站被贴上了反政府组织的宣言，并且网站服务中断了两个小时。遭受攻击后墨西哥国防部暂时关闭其网站服务，但是没有公布其原因。此次入侵国防部网站的黑客署名"墨西哥匿名者"，幕后主使来自该国 1994 年成立的一个反政府组织。该组织的一个分支在社交网站上宣称入侵国防部网站的目的是要捍卫墨西哥南部本土居民权益，并扬言建立一个没有腐败和罪恶的墨西哥国。

（三）欧洲遭到史上最大DDoS攻击

2013 年 3 月 18 日至 3 月 28 日，欧洲反垃圾邮件组织 Spamhaus 遭到 DDoS 攻击，持续近 10 天。由于垃圾邮件用户 Cyberbunker 被 Spamhaus 纳入黑名单，因此导致此用户疯狂报复攻击。3月18日，黑客主要通过开放的 DNS 解析器进行攻击，攻击流量只有 10Gbps；而 3 月 19 日黑客攻击高峰则达到 90Gbps；3月 20 日攻击流量维持在 30Gbps 至 90Gbps 之间；3 月 22 日，黑客攻击流量上升至 120Gbps；随后锁定 CloudFlare 的带宽供货商，攻击 CloudFlare 的多家 ISP，此时攻击流量已超过 300Gbps，第一层的 ISP 出现拥挤。此攻击的最大问题还是在开放的 DNS 解析器，开放 DNS 解析器通常使用更高效能的服务器而且拥有更大的带宽，虽然此次的 DDoS 攻击只利用了 10 万个开放的 DNS 解析器，但造成的破坏力度非常巨大。

（四）网络银行时代的"银行大劫案"

2013 年 5 月 9 日，美国破获了一起网络时代的"银行大劫案"，跨国黑客犯罪集团进入银行预付借记卡系统，之后在银行自动取款机上盗取高达 4500 万美元巨款，被称为网络空间的"银行大劫案"。2013 年 2 月，犯罪团伙"黑"进银行的预付借记卡系统数据库盗取信息，消除原本的取款上限，创建新密码，并用记录着银行账户信息的仿造磁条卡，在 10 个小时内在美国 3.6 万个 ATM 取款机疯狂取走 4000 万美元，以非常快的速度洗劫了全球多家金融机构。在此次事件中，阿拉伯联合酋长国的哈伊马角国民银行、阿曼苏丹国的马斯喀特银行遭受损失最为严重。至今，美国境内已有 7 名涉案人员被逮捕归案。由于美国大多数银行将账户信息都保存在银行卡的磁条上，然而这类磁条卡易于被仿造，这就为犯罪分子提供了可乘之机。

（五）韩国部分电视台与银行服务器被黑客攻击

2013 年 3 月 20 日，由于恶性代码破坏计算机的主引导记录，致使 YTN、MBC 和 KBS 电视台以及新韩银行和农业协同银行的服务器受到影响，网络出现瘫痪。韩国军方表示，虽然此次军方并未受黑客攻击的影响，但是已提高戒备级别。此次事件受害方农协银行是由于一直使用私设的 IP 地址引起的。3 月 25 日，经韩国官方证实，此次攻击的恶意代码 IP 地址来源美国以及欧洲的 4 个国家。

（六）韩国总统府等16个机构官网遭黑客攻击

2013 年 6 月 25 日上午 10 至下午 5 时 30 分，韩国青瓦台等政府机构、5 个政党、11家媒体的网站均遭受黑客攻击,青瓦台和国务调整室官方网站显示异常,遭受DDoS攻击,并导致131台服务器遭受破坏。6月25日上午10时45分,韩国政府发布了黑客预警"关注",而到6月25日下午3时40分政府已经将黑客预警级别提升至"注意"。韩国国家联合调查小组紧急修复遭黑客攻击的网络服务器和官网,并切断了恶性代码的散布地和经由地。韩国政府表示,民间部门、公共机构需对保安较为薄弱的环节进行调查,并在遭受攻击时应立即向有关机构报警。6月25日,朴载文表示,韩国正在集中力量维修,并调查原因防止受害规模扩大,只有通过综合分析各种信息才能确定攻击主体的身份。

(七)朝鲜主要网络遭黑客攻击导致瘫痪

2013年6月25日上午10时,朝鲜的朝中社、劳动新闻、高丽航空、我们民族之间、民族大团结、朝鲜之声、平壤出版物等主要网站遭受严重攻击。名为"匿名者韩国"的国际黑客团体曾宣布要在朝鲜战争爆发63周年的2013年6月25日中午12时,攻击46个朝鲜网站,并于6月17日在YouTube公开视频表示,已掌握朝鲜军队及劳动党主要人士的相关文件,于6月25日左右将该文件通过维基解密网站公开。6月25日上午10点,"匿名者"的成员通过Twitter账户(@Anonsj)宣布"Tango Down"后,朝中社等朝鲜网站突然陷入瘫痪。

(八).CN域名遭受大规模拒绝服务攻击

2013年8月25日凌晨,中国国家域名解析节点遭受到近年来最大规模网络攻击。解析服务虽然在8月25日2时左右恢复正常,然而在8月25日4时左右,再次受到大规模的拒绝服务攻击,此次攻击流量的峰值是正常访问量的数百倍,导致部分.CN为根域名的部分网站访问速度缓慢,甚至出现服务中断现象。在中国国家域名解析节点大规模的拒绝服务攻击后,中国工业和信息化部启动"域名系统安全专项应急预案"。由于中国对大规模域名攻击早有应急备案,因此通过及时处置,网站服务快速恢复正常状态,使.CN域名系统的攻击影响不至于扩散至全网。

二、热点评析

2013 年各类网络攻击事件层出不穷,国际信息安全形势日趋严峻,总体看来,网络攻击主要呈现以下三个特点:

一是网络攻击的政治因素增多。网络冲突往往是现实世界存在的矛盾在网络空间的一种表现形式,各国政治局面的不稳定和国际间政治冲突的加剧引发了网络空间大规模的黑客攻击,美国、墨西哥、韩国、朝鲜等国家网络空间冲突加剧就是由于政治矛盾引起的。例如,美国 20 家大银行遭到严重的网络攻击是伊朗为报复美国对其制裁而进行的;墨西哥国防部的网站遭到攻击幕后主使来自该国的一个反政府组织。

二是组织化的网络攻击成为主流。从 2013 年网络攻击事件上看,网络攻击主体已由个人黑客行为转变为有组织的黑客攻击行为,这种有组织的黑客行为产生的网络攻击威力远远超出个人黑客行为的网络攻击威力,例如,美国 20 家大银行遭到黑客组织"伊兹丁·哈桑网络战士"攻击;墨西哥国防部的网站遭到"墨西哥匿名者"黑客组织的攻击;朝鲜主要网站遭受"匿名者韩国"的国际黑客团体严重攻击。

三是分布式拒绝攻击成为大规模网络攻击的重要手段。DDoS 作为目前网络攻击的重要手段,通过将多台计算机联合作为攻击平台,针对攻击目标进行 DoS 攻击,从而成倍提高拒绝服务攻击的破坏力。由于 DDoS 攻击的威力巨大,攻击引发的后果非常严重,因此国际大规模网络攻击多采用 DDoS 作为大规模网络攻击方式。如,"伊兹丁·哈桑网络战士"采用了 DDoS 攻击美国 20 家大银行,致使银行遭到严重损失;欧洲反垃圾邮件组织 Spamhaus 遭到持续近 10 天 DDoS 攻击,成为欧洲史上遭到最严重的网络攻击;韩国青瓦台等官方网站遭受严重 DDoS 攻击;中国国家域名解析节点也是遭受 DDoS 攻击。

第三十六章　信息泄露

一、热点事件

（一）Twitter 25万用户信息被泄露

2013 年 1 月底，Twitter 的系统遭受不明黑客团体的攻击，Twitter 官方发现了不同寻常的接入模式正在进行的攻击，此次攻击黑客可能获得了约 25 万用户的敏感信息，涉及用户名、电子邮件地址、会话令牌，以及经过加密的密码。2013 年 2 月 1 日晚间，Twitter 发送电子邮件给账户可能受影响的用户，通知用户 Twitter 已自动重置了他们的密码，并建议尽快重设新密码。Twitter 表示，尚不清楚黑客来自何处，也不能确定是否与《纽约时报》和《华尔街日报》网站遭受黑客攻击存在关联。独立信息安全研究员 Ashkan Soltani 认为，考虑到 Twitter 尚能确定账户信息泄露的用户数量，因此此次攻击的规模有限，攻击者能确定受影响账户并与相关用户联系，因此攻击可能发生在边缘服务器。

（二）美国4000多金融从业者个人信息被公开

2013 年 2 月，美国银行界 4000 多人的个人信息被黑客组织"匿名者组织"公开，这些被泄漏的个人信息最初曾公布在阿拉巴马州刑事司法信息中心网站，之后被网站运营者撤下。阿拉巴马州刑事司法信息中心网站并未就此发表评论。这些信息同时公布在其他网站上，此信息列表是 Anonymous 从联邦储备系统的电脑中窃取所得，信息列表涉及从收银员到 C-level 层管理者再到银行负责人各层面人物的联系信息，包括登陆密码等。这些被公开的密码如果被列表上的人用在其他地方，而被泄露信息的受害者不更新他们在其他网站使用的同样信息，可能埋藏着更多的隐患，如导致其他形式的个人信息被窃，并使经济受到影响。

（三）Evernote近5千万用户信息面临泄露威胁

2013 年 2 月 28 日，Evernote 公司的信息安全团队发现云计算笔记应用 Evernote 遭遇了黑客攻击，黑客获取 Evernote 的用户名、电子邮件和加密密码数据，Evernote 建议用户重新设置密码。这次密码修改影响到了 Evernote Business、Evernote Food 以及 Evernote Hello 等 Evernote 应用。Evernote 除官方博客外，还通过电子邮件和社交媒体通知近 5000 万用户重置密码。此后，Evernote 还对公司各平台原有的应用系统进行升级。

（四）日本导航网站goo10万会员密码被破解

2013 年 4 月 3 日，日本导航网站 goo 遭黑客攻击，黑客尝试以违法手段破解会员密码，截至 4 月 4 日已证实约 10 万会员账号密码被破解，信用卡、银行账户与个人资料都有泄露疑虑。经分析攻击 log 后发现，黑客主要使用字典攻击（dictionary attack）方式破解会员账号密码，分批测试成对的账号密码能否登入。goo 是一个提供网络搜索、购物、字典翻译词库与电子邮件等服务的大型导航网站，目前约有 1800 万个会员账号，目前虽然确认约 10 万个账号遭破解，不过从实际攻击 log 来看，黑客至少尝试了高出此数字数倍以上的登入次数，而且一部分文字中使用了 goo 服务中不允许使用的字符，说明黑客是利用从某处得来的其他网站账号密码尝试登入 goo，也因为在短时间内出现大量登入错误的记录，使 goo 注意到此为有企图的攻击事件。

（五）日本任天堂2.4万账户信息被泄露

2013 年 6 月 9 日至 7 月 4 日，日本任天堂俱乐部遭受黑客攻击，导致 2.4 万账户遭非法登陆，服务器上的用户姓名、地址、电话号码、邮件地址等信息都有可能遭到了窃取，任天堂已告知并建议所有任天堂俱乐部的用户重置密码。7 月 2 日，任天堂在调查发现有 23926 个被盗登陆纪录，将近 1550 万次登陆尝试后才意识到了问题的严重性。攻击任天堂站点的事件是从 6 月 9 日就开始的，随后一直延续到了 7 月 4 日。任天堂俱乐部是任天堂提供奖励的会员计划项目，该项目涉及限量版游戏、售后延期以及实体促销礼品等，专门为 Wii U、Wii、3DS 和其他任天堂游戏设备用户准备，尚无证据表明美国、英国地区的任天堂俱乐部遭受此次事件的牵连。

（六）Facebook安全漏洞导致600万用户信息泄露

2013年6月21日，Facebook的"白帽"计划发现，由于Facebook自身安全漏洞，导致用户的e-mail或手机号码泄露，600万Facebook用户账号恐遭泄露。由于当用户从联络人名单或地址簿上传到Facebook时，Facebook会与其他用户的联络人信息进行对比，从而找出用户之间的关联、并进行推荐，使Facebook能够推荐可能认识的朋友给我们。但由于漏洞的存在，如果用户账户下载了Download Your Information工具，下载了他们的Facebook用户账户信息，便可看到其他联络人、或曾经联络过的人的email或手机电话号码。Facebook在发现漏洞后，在24小时内对漏洞进行了修补，这些泄露的e-mail或手机号码的下载信息都只被下载1到2次，因此多数情况下只会泄露给一个人，此外，其他的敏感信息也不在下载信息之列。Facebook还强调，Download Your Information工具只供用户使用，开发者与广告商无法取得其内容。

（七）美国国税局上万社会保险号码被泄露

2013年7月，美国国税局上万个社会保险号码被泄露，这些社会保险号码都来源于一个非盈利行业的数据库中，非营利性组织、国会工作人员、公民以及其他机构都可以通过这个数据库查询到非盈利组织的资金以及所做的慈善活动等信息。2013年7月初，为了改变这一现状，美国财政部税务管理检察长向白宫和美国国税局提交了一份文件。文件规定，为减少损失以及投机主义者非法获取社会保险号上的数据，公众将不能访问这一数据库。

二、热点评析

2013年世界信息泄漏事件多发，且信息泄露规模不断扩大，影响不断加大。一方面，信息泄露规模不断增加。例如，Twitter约25万用户的敏感信息泄露，Evernote公司近5千万用户信息面临泄露威胁，600万Facebook用户账号恐遭泄露等，信息泄露已成为目前信息安全面临一大挑战。另一方面，信息泄露事件在人们生活中将造成及其严重的后果。人们往往为了记忆的方便，有将大部分用户名和登录密码设为相同的习惯，当黑客破解一个网站的用户口令时，往往可以利用这个口令破解其他网站中同一用户的管理页面，这样用户的信息泄露的严重性将进一步大，网络用户需要尽快重新设置其他网站的用户名和登陆密码，以免遭到二次影响和潜在利益的损害。

导致大规模信息泄露的原因主要有以下两个方面：一是黑客通过网络攻击窃取信息。国际信息泄露事件多发，信息泄露多以黑客攻击为手段，通过黑客攻击盗取网站用户的账号、密码、电子邮件地址、姓名、手机号码等大量详尽的信息，如 Twitter、Evernote、日本导航网站 goo 和任天堂俱乐部等均因遭受黑客攻击导致用户信息被窃取；二是网络工具和技术手段的漏洞所导致的信息泄漏。网络空间迅速发展的同时，人类的日常生活已融入网络空间中，习惯应用网络工具实现日常生活功能，然而各种网络工具和技术手段自身的漏洞往往使网络用户姓名、电子邮件地址、手机号码，甚至年龄及关系网都面临泄漏的威胁，如 Facebook 因自身安全漏洞，导致用户的 e-mail 或手机号码泄露。

第三十七章　新技术应用安全

一、热点事件

（一）"套餐窃贼"窃取70万用户信息

2013 年 1 月 28 日，手机安全企业网秦公司发布消息表示，"套餐窃贼"病毒伪装成"搜狗号码通"、"搜狐新闻"、"手机 QQ"、"航班查询"等应用诱骗用户下载，感染中国安卓移动终端，中国感染用户已经达 70 万。一旦感染"套餐窃贼"病毒，用户的手机便会自动联网，听从黑客指令，发布垃圾短信，此外，"套餐窃贼"病毒还会窃取用户联系人姓名和号码、遥控手机终端下载更多恶意程序，并且消耗手机电量、流量，甚至导致手机的反复死机、系统崩溃等。"套餐窃贼"采用新的黑客技术，隐蔽性高、感染性高，对手机的控制性更大，针对此款病毒，网秦已经紧急推出了专杀工具。

（二）过期的SSL证书影响Windows Azure云储存

2013 年 2 月 22 日，微软公司的 Azure Cloud 全球服务中断约一整天，严重影响到安全网络交通，Azure 项目组合里的服务严重受到影响，影响最大的服务是 Azure 储存，该问题是由一个过期的 SSL 证书引起的，非安全 HTTP 连接仍然可用。据 Kaspersky 的 Threatpost 表示，2 月 23 日，微软 Windows Azure Service 指示板上公布其云服务中断。微软 Storage 的全球服务出现中断，严重影响到 HTTPS 运作（SSL 交通），2 月 24 日，Windows Azure 业务和运营总经理 Steven Martin 表示，鉴于此次的断网规模，根据服务水平协议主动为受影响的客户提供信用值。

（三）升级导致SCORM云服务中断

2013 年 3 月 14 日，SCROM 为提高云服务的稳定性和性能，SCROM 对其云服务进行升级，然而却致使稳定性降低，引起云服务中断 3 个小时。SCORM 隶属 Rustici Software，是一款旨在推广电子学习软件产品兼容性的一套技术标准。Rustici Software 的客户支持经理 Joe Donnelly 表示，该公司对 SCORM 云服务已做了一些改变，然而由于引入这些改变，导致亚马逊服务器发生导入问题。由于 CPU 负载过度，这个问题导致了一系列的问题产生，最后致使亚马逊 Web Service 上 SCORM 几个区的服务发生不稳定的情况。

（四）手机数据安全受Android木马挑战

2013 年 6 月 7 日，卡巴斯基发现了一种名叫 "Backdoor.AndroidOS.Obad.a" 的木马，它具备 "反查杀、难解析、难卸载" 等特性，一旦感染上此木马病毒，Android 设备将失去管理员权限，而且被感染的管理员权限也无法被删除，这是迄今为止发现的结构最复杂的 Android 木马。该木马还利用了 Android 系统的另一种缺陷，即便木马以一种错误的方式注册进设备管理器，Android 系统也能让其注册成功，而用户却无法找到取消该木马管理权限的入口，此时木马便可随意在被感染手机中作恶。感染 Obad 木马的 Android 设备会自动发送短信到收费号码，并下载其他恶意软件至设备上。此外，感染 Obad 木马的 Android 设备还会自动搜索其他蓝牙设备，将恶意软件发送至其他设备并远程执行命令。卡巴斯基表示，已经将 Obad 木马利用的 Android 漏洞通报给 Google，该木马当前尚未被广泛传播。

（五）三星Galaxy S4出现高危短信欺诈漏洞

2013 年 6 月 19 日，360 安全中心发现三星 Galaxy S4 存在高危短信欺诈漏洞。恶意软件通过此款漏洞可在后台偷偷发送扣费短信，或伪造任意发送号码在目标手机收件箱中写入诈骗短信，对目标机主进行欺诈或恶意扣费。高危漏洞引起的更严重的后果是，不法分子冒充亲友、银行等机构组织、客户服务商等，伪造含有诈骗内容的短信，并以未读状态暗中放入收件箱中诱骗 S4 用户上当。三星作为一个大品牌，手机数据安全性是非常重要的，需要企业更加重视，以保证用户的利益。

（六）黑客利用安卓主密钥漏洞传播病毒

2013 年 7 月 3 日，安全研究公司 BlueBox 公布发现谷歌主密钥漏洞，BlueBox 发现在更改应用程序代码的同时不会影响加密签名，因此提出警告，木马通过此漏洞安装在 Android 设备上，非法使用者可阅读设备上的任何数据、拍照、复制电话号码，也可窃取密码，或执行其他功能。赛门铁克报告显示，黑客已经利用这个漏洞安装 Android.Skullkey 恶意软件，此款恶意软件能够从被感染手机中读取数据并获取该手机收发的短信，目前已监控到中国市场上有两款应用程序已被挂马。谷歌对此问题已采取行动，并发给手机制造商补丁，但是补丁尚未普及到各手机用户手中。由于谷歌无法保证消费者从其他网站下载软件的安全性，因此赛门铁克建议用户仅从信誉良好的 Android 应用程序市场下载应用程序。

二、热点评析

随着信息技术的快速发展，新技术新应用层出不穷，黑客也逐步将攻击对象转向各类新技术新应用上来，针对新技术进行的网络攻击主要有以下两类：一是结合技术应用特征实施攻击，如案例中的"套餐窃贼"和"Android 木马"等都是基于移动互联网应用特征实施的定向攻击；二是基于应用各环节中的漏洞实施攻击，如案例中三星 Galaxy S4 的高危短信欺诈漏洞和安卓主密钥漏洞就是黑客可以利用的漏洞。这些新型的威胁需要安全厂商和用户采取有针对性的措施来解决。

与此同时，新兴技术往往还会因为自身技术问题产生运行故障，从而影响用户的使用并造成巨大的损失，如 Windows Azure 云储存和 SCORM 云服务的案例就是因为自身技术故障引发的事故。因此，用户在使用云计算、移动互联网等新兴技术时，要充分考虑到技术自身可能存在的隐患。

第三十八章　信息内容安全

一、热点事件

（一）黑客传白俄货币贬值假信息

2013年1月4日，一条匿名短信谎称白俄罗斯货币将贬值，此消息谎称，2013年1月8日起1美元可兑换14340白俄卢布，而1欧元可兑换18116白俄卢布，在白俄罗斯境内收到这则虚假短信的手机用户约有1000个。白俄克格勃新闻与公共关系中心表示，此事件受到白俄国家安全委员会的关注，该国信息技术安全部门对此事件展开进一步调查，并锁定参与此次发布假消息的嫌疑人。经调查表明，虽然这则虚假短信最初来源于登记在白俄罗斯国家银行名下的一部电话，然而此次信息是通过位于印度的服务器发送出来的。

（二）"叙利亚网络军团"攻击BBC Twitter发布假消息

2013年3月21日，自称"叙利亚网络军团"的黑客攻击了英国广播公司多个Twitter账户，涉及BBC天气、阿尔斯特电台以及阿拉伯语电台，"叙利亚网络军团"发布支持叙利亚总统Bashar-al-Assad的信息，并声称对此行为负责。英国广播公司天气Twitter账户发布一系列中东国家天气情况的假信息。英国广播公司阿拉伯语和阿尔斯特电台的Twitter账户也曾遭受劫持，阿拉伯语节目总编Faris Couri表示，Twitter账户被劫持后发布了多条亲叙利亚政权信息。英国广播公司表示，他们已经重新控制被劫持的三个账户，所有不合适的内容都已被删除。

（三）"匿名者组织"损害朝鲜政府形象

2013 年 4 月 3 日，"匿名者组织"盗取 Uriminzokkiri.com 账号发布损害朝鲜政府形象的消息，"匿名者组织"通过该账号发布了许多图像和链接，嘲笑金正恩，并指责他利用洲际弹道导弹和核武器威胁世界和平，以及放任朝鲜百姓饿死，在没用的事情上浪费资金。该组织还侵入了朝鲜的 Flickr 账号，且在朝鲜新闻网站 minjok.com、jajusasang.com 和 paekdu-hanna.com 上放上了朝鲜领导人金正恩的照片。2013 年 4 月 16 日"匿名者"再次侵入朝鲜一国家官方新闻网站，并借此激怒朝鲜政府。

（四）黑客发布奥巴马受伤假消息

2013 年 4 月 24 日，黑客窃取美联社记者的密码之后，入侵美联社 Twitter 账户，发布虚假信息："突发新闻：白宫发生两起爆炸，奥巴马受伤。"随后，美联社就此发表声明，由于美联社账户遭受攻击，有关白宫遭到攻击属虚假信息。Twitter 账户在遭受攻击后已暂停使用，并致力于修复问题。在该则假消息发布后，道琼指数一度重挫逾 150 点；在美联社辟谣之后股市迅速回升。截至北京时间 4 月 24 日凌晨 2 点，道琼指数上涨 130 点，标准普尔 500 指数也上涨 14.72 点（0.94%），纳斯达克指数更上涨 34.09 点（1.05%）。黑客组织"叙利亚电子军"已通过 Twitter 消息声称对此事负责，并在消息中加入了"再见奥巴马"的标签。

（五）黑客攻击CBS Twitter账号发布虚假消息

2013 年 4 月 18 日，美国哥伦比亚广播公司两档著名新闻节目《60 分钟》和《48 小时》的 Twitter 账号受到黑客攻击，黑客在侵入两个账号后发表虚假信息，指责美国政府对恐怖分子采取的打击政策。哥伦比亚广播公司随后在其 Twitter 账号（@CBSNews）上发布消息表示，他们的两个 Twitter 账号——《60 分钟》和《48 小时》出了问题，Twitter 正在解决这一问题，对此他们表示歉意。哥伦比亚广播公司名下的另一个 Twitter 账号——@CBSDenver 也遭到黑客侵袭，黑客在上面发布虚假消息称，"中央情报局的最新证据表明，武装基地组织恐怖分子在叙利亚"，这些虚假消息已被撤下。

（六）社交媒体Twitter假"粉丝"误导舆论

2013 年 9 月 3 日，Twitter 网站出现大量假"粉丝"。很多大公司和大明星为了提高自身在社交网站上面的知名度经常购买假"粉丝"，这种现象助长了此趋势愈演愈烈。通常当一个账号购买了假"粉丝"，都会在一段时间内呈现出粉丝数量激增的现象，而一个月后，粉丝数量又回落到原来的水平。两名意大利的网络安全专家 Andrea Stroppa 和 Carlo De Micheli 正在对此进行相关研究，他们不断挖出那些大批购买 Twitter 假"粉丝"的著名账号，研究发现购买假"粉丝"的企业涉及路易威登、梅赛德斯－奔驰，以及百事等大公司，还涉及政客中的众议院发言人 Newt Gingrich、众议员 Jared Polis，以及俄罗斯总理 Dmitri Medvedev，此外，还涉及演艺圈中说唱歌手 50Cent 和 P.Diddy 等。据调查表明，Twitter 僵尸粉营销的价格约为 5 美元 1000 个关注，这就使得通过这种交易获得不断增加的 Twitter 粉丝数量成为了提高知名度的一个实惠之选。这些僵尸粉在真实的社交媒体用户那里也可以起到引导作用，帮助购买僵尸粉的账号进一步扩大粉丝数量。当品牌账号购买 Twitter 粉丝实现进行爆发营销，这种与正常模式截然不同的突发性增长非常容易分辨。

二、热点评析

纵观上述利用网络传播舆论或谣言的事件，可以看出其具有如下特点：一是网络舆论的传播范围非常广泛。网络舆论的传播媒介是信息网络，网络传递信息的快速性和低成本性，促使其能在短时间内大范围传播；二是网络舆论的传播途径非常多样。除应用最为广泛的 Twitter 社交工具、QQ 即时通讯工具、电子邮件、聊天室之外，还有手机短信、微博、微信等；三是网络舆论的传播速度非常快捷。这是由信息网络飞速运转数据的独特性决定的，与古老的书信来往和口口相传的交流方式相比，网络舆论或谣言在几分钟之内便可以呈现在全世界人民的面前。

总之，网络舆论是把"双刃剑"，例如，有些舆论是一些困难人士借助网络求助社会，如果真实可靠，往往也能在很短时间内聚集大量的社会资源以解其"燃眉之急"，但是，更多时候网络舆论会对社会、对企业、对个人造成一定的危害。以上述事件为例，在"白俄货币贬值假信息事件"中，约 1000 个手机用户收到该信息，虽然收到信息的用户不是很多，但至少在一定范围内引起了经济恐慌；在"黑客攻击英国广播公司多个 Twitter 账户"事件中，涉及天气预报等多种虚假信息肆意在网上激荡，误导了民众的生活和出行；在"社交媒体 Twitter 假粉丝误导舆论"中，大量品牌账户购买假粉丝造成自身虚假繁荣局面，一方面使这些品牌靠着虚假手段获取了人们眼球，有利于获取更多经济利益，另一方面，可能让老百姓陷入品牌误区，难以避免本不必要的开销。

展望篇

第三十九章　世界信息安全面临形势

一、国际局势日趋紧张，网络空间成为重要战场

近年来，国际局势逐步恶化，朝鲜半岛、中东地区、北非等地战争阴云密布，而网络空间已经成为各方的重要战场。2013 年 2 月以来，随着朝鲜成功进行第 3 次核试验，并宣布废除《朝鲜停战协定》，同时韩国又邀美国共同组织军演，并部署军力备战，朝鲜半岛局势持续恶化，一度濒临战争边缘。在此期间，韩国遭受大规模网络攻击，朝鲜被视为最大嫌疑，朝鲜也遭遇大规模攻击，导致国内网络瘫痪。在中东地区，始于 2011 年的叙利亚内战仍在继续，在以美国为首的西方国家支持下，叙反对派与政府军陷入拉锯战，2013 年 8 月，美国宣布要对叙利亚进行军事打击，这使得叙利亚局势更加混乱，而伴随着战争，叙反对派与政府军同时在网络世界搏杀，部分西方国家向反对派提供了技术培训和支持，如提供"影子互联网"技术，以对抗政府军在网络空间的围堵，西方势力也不遗余力地在互联网大肆制造抹黑叙利亚政府形象的舆论，叙利亚政府网军也发动网络攻势，如将 AntiHacker 的软件植入反对派网络等。

二、世界经济持续低迷，贸易保护"安全壁垒"成风

2008 年以来，世界经济一直未能走出经济危机的泥潭，保持萎靡态势，这也引发了新一轮以信息安全为特点的贸易保护主义。2008 年 9 月，以雷曼兄弟公司破产为标志的国际金融危机爆发，迅速席卷全球，2008 年第四季度到 2009

年上半年，发达国家进入了二战以来最严重的经济衰退时期，2009年下半年起，在大规模经济刺激政策的作用下，世界经济开始复苏，然而2009年末，欧洲债务危机爆发，世界经济复苏被阻断，2012年下半年，美国和金砖国家经济有所好转，但世界经济增长依然乏力，2013年世界经济仍然延续低速增长态势。在目前经济形势下，作为世界各主要经济体发展龙头的信息产业，成为各国的重点保护对象，很多国家以信息安全为由启动贸易保护，从而保护本国信息产业。2012年3月份，澳大利亚政府以担心来自中国的网络攻击为由，禁止华为技术有限公司对数十亿澳元的全国宽带网设备项目进行投标。美国国会于2012年10月8日发布华为、中兴"可能对美国带来安全威胁"的调查结果报告，显示华为和中兴为中国情报部门提供了干预美国通信网络的机会，并建议相关美国公司尽量避免同华为、中兴合作。2013年3月26日，美国总统奥巴马签署了《2013年合并与进一步持续拨款法案》，其中包括限制美国政府机构从与中国政府有关的公司购买信息技术。2013年6月，美国"棱镜门"事件曝光之后，世界上多个国家开始抵制或者建议停用谷歌、思科等企业的产品和服务。2013年6月，在印度联邦跨部门工作组会议上，印度国家安全事务副顾问桑德胡以网络安全为由，建议情报局、内政部和电信部联合商讨封杀微信的方案。通过设置贸易壁垒的方式保护本国信息产业，将影响国际贸易的正常发展，不利于世界经济的恢复。

三、犯罪和恐怖行为向网络迁移，网络攻击破坏性加大

随着互联网应用日益广泛和深入，网络数据价值大幅上升，而且与现实社会的资产结合起来，形成巨大的"网络资产"，从而导致网络犯罪数量和涉案金额大幅上升。一方面，利用黑客技术及网络攻击手段进行金融等领域大规模犯罪的行为日益增多，其破坏性和影响力日益增大。2012年7月，迈克菲和《卫报》研究人员发布的一份报告揭露，一种高度复杂的全球性金融服务欺诈活动在欧洲、南美和美国蔓延，该攻击基于成熟的SpyEye和Zeus恶意软件，犯罪分子增加了绕过物理身份验证、自动化数据库搜索等新特性，通过基于云服务器的自动化攻击手段在全球范围内进行诈骗，目前主要针对高额企业账户。2013年5月9日，美国宣布破获一起惊天巨案，一个跨国黑客犯罪集团通过"黑"进银行预付借记卡系统，在ATM自动取款机上盗取了总计高达4500万美元的巨款，堪称网络时

代的"银行大劫案"。另一方面,世界恐怖组织也加强对互联网的应用,发起多起"网络恐怖行为",这些行为造成的影响大幅上升。在网络时代,恐怖组织和恐怖活动也有了新的动向。从2008年开始,随着"基地在半岛"在也门南部的发展壮大以及互联网技术的不断发展,尤其是智能手机和3G网络的推广使用,互联网成为恐怖主义战场的一部分,"基地"组织把网络作为自己宣传、招募和培训的手段。"基地"组织的很多意识形态得以传播扩散,尤其是针对年轻的极端主义网民,"基地"组织的口号是极富煽动性的。互联网上恐怖主义宣传的娴熟程度和影响范围有上升之势。"911事件"之后,"基地"组织受到了美国领导的反恐战争的严厉打击,"基地"组织从一个领导体系完整、内部等级森严的组织,变成了一个以"基地"组织为核心、以地区附属组织为外围和活动主力,容纳了大量意识形态相同的恐怖组织和恐怖分子的全球性恐怖主义网络。

四、各国信息化加速布局,信息安全保障需求大幅提升

随着世界各国信息化建设日益加快,信息技术和信息网络在社会各领域应用日益广泛和深入,随之而来的信息安全保障需求大幅提升。据ITU发布的《衡量信息社会发展(2012)》报告,发展中国家的信息网络指数在2010年至2011年间增长了20%,而发达国家的增长为10%,到2011年年底,在全球18亿个家庭当中,三分之一或6亿个家庭拥有互联网接入,全球在线人口超过了三分之一,达到23亿,发展中国家互联网用户的增长(16%)高于发达国家(5%),预计到2015年,全球互联网用户普及率将达到60%,发展中国家将达到50%,最不发达国家也将达到15%。在信息化应用过程中,各类信息安全问题日渐突出,如企业信息化过程中面临的BYOD问题,医疗信息化中存在的信息泄露及远程控制医疗设备杀人等问题,工业企业中的工业控制系统安全问题等,相关领域一旦出现信息安全问题,将带来严重的后果,甚至产生巨大的经济损失和人员伤亡,各行业信息安全保障需求大幅提升,对信息安全保障能力要求进一步加大。

五、新兴信息技术广泛应用，信息安全面临极大挑战

当前，云计算、大数据、移动互联网、物联网等新兴信息技术得到广泛应用，将给信息安全带来新的挑战。在云计算方面，Gartner 的统计数据显示，2012 年全球市场将增长接近 20%，成为一个规模达 1090 亿美元的行业，BPaaS（商务流程即服务）和 SaaS（软件即服务）在这个市场占统治地位，IaaS（基础设施即服务）也获得迅速增长的势头，2013 年全球云计算市值将达到 1310 亿美元。在大数据方面，IDC 发布的报告显示，全球大数据技术及服务市场复合年增长率（CAGR）将达 31.7%，2016 年收入将达 238 亿美元，其增速约为信息通信技术（ICT）市场整体增速的七倍之多。在移动互联网方面，相关数据显示，2013 年全球的移动互联网用户将达 24 亿，仅中国移动互联网市场规模就将达 3204 亿。在物联网方面，预计 2015 年全球物联网市场规模将达 3300 亿美元，年增长率将达 25%。这些新兴技术的广泛使用将大大促进信息化发展，但这些技术仍存在一定的信息安全隐患，给信息安全带来了新的挑战。

第四十章　2014年世界信息安全发展趋势

一、全球爆发大规模网络冲突的风险将进一步增加

随着网络空间的重要性越来越高，世界各国在网络空间上的投入都不断加大，国家级网络冲突风险不断增加。首先，世界各国都在加快组建网络部队，并逐步扩大网络部队的规模。例如，2013年3月12日，美国军方表示将新增40支网络小队，其中包含13支进攻性部队；5月21日，日本"网络安全战略"最终草案发布，其中明确要设立"网络自卫队"。其次，网络空间中与军事相关的行动日益增多。例如，伊朗在1月开展了网络战演习；4月，美国国家安全局举办网络防御演习；5月，美国陆军展开网络一体化测试；6月，北约决定建立网络防御联盟。最后，一些国家间和国家内部已经出现敌对双方的网络冲突，并可能成为导致现实战争的导火索。例如，3月初，马来西亚与菲律宾黑客相互进行网络攻击；3月20日，韩国遭受大规模网络攻击，第一时间指责朝鲜为攻击源。2014年，国际网络空间的局势将更加复杂，各国将进一步加强网络空间部署，网络冲突将不断增多，对我国网络安全形势带来严峻的挑战。

二、国际社会针对网络空间的监控行为将不断加强

美国国家安全局"棱镜"项目的曝光，引发了国际社会广泛的关注。2013年6月，美国中情局前职员爱德华·斯诺登爆料，美国国家安全局和联邦调查局于2007年启动了一个代号为"棱镜"的秘密监控项目，直接进入美国网际网路公司的中心服务器里挖掘数据、搜集情报，包括微软、雅虎、谷歌、苹果等在内

的 9 家网际网路巨头均参与其中。美国国家安全局局长、美军网络司令部司令亚历山大 6 月 12 日在国会作证时说，近日曝光的"棱镜"等互联网和电话监控项目已协助防范或挫败数十起恐怖事件，并将继续该项目。此外，据揭露美国国家安全局"棱镜"计划的爱德华·斯诺登以及"匿名者"组织解密的信息显示，美国国安局旗下设有一个部门，名为"定制入口行动办公室"（TAO），过去近 15 年中一直从事侵入中国境内电脑和通讯系统的网络攻击，借此获取有关中国的有价值情报。2014 年，美国的行为将引发世界各国效仿，各国针对网络空间的监控行为将不断加强。

三、各种形式网络犯罪的影响将进一步加大

当前，因网络安全问题产生的经济损失大幅提高，造成的危害也明显增大。2012 年诺顿网络安全报告显示，网络犯罪致使全球个人用户蒙受的直接损失高达 1100 亿美元，每秒就有 18 位网民遭受网络犯罪的侵害，平均每位受害者蒙受的直接经济损失总额为 197 美元。对于中国而言，则有 84% 的中国网民曾遭受过网络犯罪侵害，估计有超过 2.57 亿人成为网络犯罪受害者，所蒙受的直接经济损失达人民币 2890 亿元。惠普研究部门发现，典型的美国公司 2012 年因为网络犯罪而发生的成本为 890 万美元，较 2011 年增长 6%，较 2010 年增长 38%。2013 年 1 月，由中国人民公安大学警务改革与发展研究中心发布的《2012 年中国互联网违法犯罪问题年度报告》显示，2012 年中国近 3 亿人成为网络违法犯罪的受害者，每天有近 80 万名中国网民遭受不同程度的网络违法犯罪的侵害。2013 年 9 月 19 日，欧洲网络与信息安全局发布的网络威胁态势中期报告显示，针对基础设施的针对性攻击，以及通过云服务进行社交媒体身份盗窃的网络犯罪的威胁持续增加，网络攻击已经成为导致电信基础设施中断的第六大原因，对大量用户造成影响。从目前的发展趋势来看，网络犯罪等安全问题的影响范围和影响程度将进一步加大。

四、引发社会动荡的网络行为将不断增加

2013 年，国际上多次出现针对网络空间中关键节点的攻击，结果导致了严

重社会动荡和经济震荡，其影响十分恶劣。一方面，黑客加强了针对网络媒体的攻击，这可能引发严重的社会恐慌，例如，4月23日，黑客攻击了美联社的Twitter账号并发布消息称，白宫发生两起爆炸，总统受伤，随即美国股市一路下跌，标准普尔和道琼斯工业平均指数暴跌，大盘损失价值达2000亿美元。另一方面，国际上频繁出现金融机构遭受黑客攻击的事件，在社会和经济方面产生的影响日益增大。例如，5月9日，美国宣布破获一起惊天巨案，一个跨国黑客犯罪集团通过"黑"进银行预付借记卡系统，在ATM自动取款机上盗取了总计高达4500万美元的巨款，堪称网络时代的"银行大劫案"。2014年，受到政治或经济利益的驱使，类似能产生重大影响的网络事件还将会频繁出现，相关部门应加强监管。

五、新技术新应用带来的信息安全问题将更加突出

随着信息技术的快速发展，新技术新应用层出不穷，云计算、移动互联网、大数据、卫星互联网等领域的新技术新应用带来了新的信息安全问题。首先，云计算本身的安全隐患一直为人所诟病，在广泛应用过程中也经常成为黑客攻击的重要对象。例如，2013年3月，云计算笔记应用Evernot遭到黑客攻击，约5000万用户信息泄露。其次，移动互联网得到快速发展，用户数量大大增加，移动设备办公也在企业中广泛应用，而上半年移动领域的安全威胁大幅增长。例如，1月三星、小米等品牌手机搭载的芯片组相继被曝存在内核设备漏洞；2月iOS被曝新的安全漏洞；4月安卓平台出现一款新型云端控制广告病毒"推荐密贼"，感染用户已经超过100万。再次，大数据技术的广泛应用，不仅对信息安全防护提供了新的支撑，而且给我国国家信息安全带来新的挑战，基于大数据技术，一些跨国企业便可以通过在我国收集的大量商业数据分析出涉及国计民生的基础数据，这严重影响到我国经济安全。最后，卫星通信技术在互联网领域的推广应用，将严重影响我国对互联网的有效监管，造成网络舆论的失控，严重影响我国的社会稳定。2014年，云计算、物联网等新技术领域将继续在信息技术领域得到广泛应用，其带来的安全风险将继续对我国信息安全防御体系建设产生影响。

附　录

附录I　参考文献

[1] 刘静，牛红亮，徐曦，美国信息安全政策的内容、特点及借鉴，图书馆学刊，2012年第9期。

[2] 林东岱，刘峰，美国信息安全保密体系初探，保密科学技术，2012年第9期。

[3] 张向宏，林涛，美国信息安全立法概况及启示，保密科学技术，2012年第11期。

[4] 黄伟庆，信息安全标准化战略对国家核心利益的重要作用研究——从中美两国的比较视角，北京电子科技学院学报，2013年第1期。

[5] 杜友文，美国信息安全政策及其对我国的启示，情报探索，2009年第1期。

[6] 于鹏，解志勇，美国信息安全法律体系综述及其对我国信息安全立法的借鉴意义，甘肃行政学院学报，2009年第1期。

[7] 田玉朋，美国信息安全战略对中国的挑战与启示，现代经济信息，2009年第6期。

[8] 柏慧，美国国家信息安全立法及政策体系研究，信息网络安全，2009年第8期。

[9] 孙立立，美国信息安全战略综述，信息网络安全，2009年第8期。

[10] 杜友文，美国信息安全政策发展及对我国的启示，中国科技资源导刊，2009年第1期。

[11] 陈宝国，美国国家网络安全战略解析，信息网络安全，2010年第1期。

[12] 张健，解读美国信息安全政策文件《涉密信息泄漏应对指南》，信息网络安全，2010年第4期。

[13] 郝文江，张乐，美国信息安全战略发展研究，北京人民警察学院学报，

2010 年第 1 期。

[14] 沈逸，数字空间的认知、竞争与合作——中美战略关系框架下的网络安全关系，外交评论（外交学院学报），2010 年第 2 期。

[15] 许德斌，美国信息安全战略的基本要素与实施原则探析，国防技术基础，2007 年第 4 期。

[16] Ministry of Communication and Information Technology, National Cyber Security Policy 2013, www.deity.gov.in, July 2013。

[17] IDA, National Cyber Security Masterplan 2018, www.ida.gov.sg, July 2013。

[18] 孙立立，美国信息安全战略综述，信息网络安全，2009 年第 8 期。

[19] 王磊，俄罗斯信息安全政策及法律框架之解读，信息网络安全，2009 年第 8 期。

[20] JP Farwell, R Rohozinski — Survival, Stuxnet and the future of cyber war, Global Politics and Strategy, Volume 53, Issue 1, 2011, pages 23—40。

[21] 耿贵宁，美国《2012 网络安全法案》的解读与思考，保密科学技术，2012 年 12 月。

[22] 郝文江，近两年美国信息安全发展综述，公安学刊（浙江警察学院学报），2011 年 6 月。

[23] 郝文江，美国信息安全战略发展研究，北京人民警察学院学报，2010 年 1 月。

[24] 张强，美国保护关键基础设施和资产的战略部署及对我的启示，国际技术经济研究，2007 年 7 月，第 10 卷第 3 期。

[25] 苏海晏，印度信息安全保障概论，信息网络安全，2009 年 8 月。

[26] 张向宏、林涛，美国信息安全立法概况及启示，保密科学研究，2012 年 11 月。

[27] 谭安芬，美国信息安全政策发展及其启示，计算机安全，2011 年 11 月。

[28] 刘迎，欧盟信息安全保障架构概述，信息网络安全，2009 年 8 月。

[29] 程群，《德国网络安全战略》解析，德国研究，2011 年 9 月。

[30] 汪明敏，《英国网络安全战略》报告解读，国际资料信息，2009 年 9 月。

[31] 庄嘉，美国云计算发展战略，全球科技经济瞭望，2012 年第 3 期。

[32] 王靖,计算机网络信息安全及防护策略研究,电子世界,2012年第24期。

[33] 张显龙,顶层设计：健全信息安全保障体系,中国科技投资,2012年第Z2期。

[34] 普玉婷,计算机信息安全措施浅析,湖北函授大学学报,2012年第12期。

[35] 郭妮娜,成智刚,浅析电力MIS网的信息安全,科技创新与应用,2012第34期。

[36] 周荔,王樱,蒋娟,影响网络信息安全的组织因素辨识,南华大学学报（社会科学版）,2012年第6期。

[37] 于海,电子政务信息安全系统浅析,信息技术,2012年第12期。

[38] 刘权,信息安全:挑战更加严峻,中国经济和信息化,2012年第24期。

[39] 方岩,王鑫,计算机网络信息安全管理工作浅析,商业文化（下半月）,2012年第12期。

[40] 陆季原,李静,网络信息安全技术综述,硅谷,2012年第24期。

[41] 任宇宁,云计算时代的存储技术——云存储,科技传播,2012年第3期

[42] 董日波,基于云计算的高校信息化建设,电脑编程技巧与维护,2012年第8期

[43] 向涛,张忠,信息安全专业差异化培养模式探索,高教论坛,2012年第12期。

[44] 滕萍,信息网络安全及防范技术探究,网络安全技术与应用,2012年第12期。

[45] 陈鸿星,基于PGP的网络信息安全对策研究,科技通报,2012年第12期。

[46] 张罡,浅析物联网信息安全系统的构建,中国管理信息化,2012年第24期。

[47] 郝春吉,3G网络信息安全态势分析,信息通信,2012年第6期。

[48] 陈雯菁,一种基于核心节点的信息安全设备联动协议模型,计算机与现代化,2012年第12期。

[49] 柳辉,金融行业信息安全研究,中国科技信息,2012年第24期。

[50] 王敏,三网融合中的信息安全系统建设,中国科技信息,2012年第24期。

[51] 肖美华,政府网站信息安全保障研究,计算机安全,2012年第12期。

[52] 袁科,俄罗斯密码服务体系,信息安全与通信保密,2008年第12期。

[53] 林伟雄，浅谈云计算与信息安全，投资与合作，2011 年第 6 期。

[54] 陈尚义，浅谈云计算安全问题，网络安全技术与应用，2009 年第 10 期。

[55] 苏海晏，印度信息安全保障概论，信息网络安全，2009 年第 8 期。

[56] 王鹏飞，论俄罗斯信息安全战略的"综合型"，东北亚论坛，2006 年第 2 期。

[57] 王翠，企业网络安全的新动力——云火墙，现代企业文化，2010 年第 35 期。

[58] 张晓慧，俄罗斯信息化建设的经验教训，国际资料信息，2005 年第 6 期。

[59] 秦琦，探析云计算和物联网技术的联合应用，中国电子商务，2012 年第 18 期。

[60] 尹晓晖，基于规则的自动化授权方法研究，信息安全与通信保密，2008 年第 12 期。

[61] 沈昌祥，俄罗斯信息安全概况及启示，俄罗斯信息安全概况及启示，2003 年第 12 期。

[62] 陈尚义，云安全的本质和面临的挑战，信息安全与通信保密，2009 年第 11 期。

[63] 杨成，"第二次转型"与俄罗斯的重新崛起，华东师范大学，学位论文，2008

[64] 李静，印度信息技术立法的发展与特色，暨南学报（哲学社会科学版），2012 年第 4 期

[65] 叶新恩，云计算环境下的安全问题及对策研究，中国电子商务，2011 年第 8 期。

[66] 邱刚，李军，主要国家云计算战略及启示，物联网技术，2012 年第 2 期

[67] 骆桂爽，云计算对未来电子商务发展的影响，中国科技纵横，2012 年第 19 期

[68] 成谦，云计算技术在华市场专利侵权风险研究，电子知识产权，2012 年第 12 期

[69] 佟晖，俄罗斯信息网络安全概况及启示，警察技术，2004 年第 5 期

[70] 黄红桃，云计算及应用安全策略，科学与财富，2012 年第 5 期

[71] 刘瑞生，全球视野下的微博发展及其管理，新闻与写作，2012 年第 1 期

[72] 彭杰，刘力，工业控制系统信息安全性分析，自动化仪表，2012 年第 12 期。

[73] 张延，工业控制系统信息安全动向及发展对策研究，电子产品可靠性与环境试验，2012 年第 6 期。

[74] 宋丽华，黄河三角洲云计算平台关键技术的研究，计算机技术与发展，2011 年第 6 期

[75] 马海群，范莉萍，俄罗斯联邦信息安全立法体系及对我国的启示，俄罗斯中亚东欧研究，2011 年第 6 期。

[76] 袁科，俄罗斯密码服务体系研究，贵州大学硕士论文，2009 年。

[77] 郑和斌，网络军备控制的国际立法问题研究，湖南师范大学硕士论文，2013 年。

[78] 武建良，云南省党政机关国家秘密信息安全危机管理研究，云南大学硕士论文，2013 年。

[79] 李晓红，数字化信息资源建设中的政策保障研究，华中师范大学硕士论文，2005 年。

[80] 屈宝强，我国信息法的法律预测研究，山西大学硕士论文，2004 年。

[81] 刘锋，M 公司信息安全管理优化方案，兰州大学硕士论文，2013 年。

[82] 卢新德，论信息战和信息安全战略，东岳论丛，2002 年。

[83] 徐旻敏，赵慧，从网络谣言传播看互联网信息安全管理，中国电信业，2012 年第 9 月。

[84] 朱冬传，俄修法保护儿童免受不良信息侵害，法制日报，2013 年第 6 期。

[85] 袁科，刘琦，吕述望，张剑，罗文俊，俄罗斯密码服务体系，信息安全与通信保密，2008 年第 12 期。

[86] 吴超云，我国物联网环境下的信息安全规制模式研究，山东警察学院学报，2012 年第 9 期。

[87] 张瑛，吕鹏辉，我国云计算领域热点问题研究—基于共词分析视角，科技创新导报，2013-01-21。

[88] 明芳，彭亚雄，移动互联网安全问题分析及策略，通信技术，2013-04-10。

[89] 周伟，云计算时代的网络安全问题，煤炭技术，2012-07-10。

附录II 重要文件

《美国行政命令——提高关键基础设施网络安全防护能力》

第一条 政策

针对关键基础设施的网络入侵屡次发生，亟需提高关键基础设施网络安全防护能力。关键基础设施面临的网络威胁日趋严峻，已经成为美国必须直面的最严重的国家安全挑战之一。在面对此类网络威胁时，关键基础设施的可靠运转是美国国家安全和经济安全的保障。美国在此方面的相关政策加强了国家关键基础设施防护能力和容灾能力，这些政策致力于营造一种能够提高效率、鼓励创新、促进经济繁荣，同时提高内在安全水平和外在安全防护能力、保护隐私权和公民自由权的网络环境。为此，我们需要与关键基础设施所有者和运营商合作，完善网络安全信息共享机制，共同研发和使用风险导向型标准。

第二条 关键基础设施

在本命令中，关键基础设施是指对美国至关重要的、实体的或虚拟的系统和资产，这些系统和资产遭到破坏或丧失功能将危及国家安全、国家经济安全、国家公共健康和社会稳定。

第三条 政策协调

对本命令中描述及规定的职能和项目进行政策协调和监管、争端解决、周期性进度审查等，应当遵循 2009 年 2 月 13 日颁布的"第 1 号总统政策指令"中规定的部门间协作程序（"国家安全委员会组织体系"）或后续规定的其他相关程序。

第四条 网络安全信息共享

（一）美国政府将与美国私营机构共享网络威胁信息，并将致力于提高相关信息的数量、质量和实时性，以便这些机构更好地进行自我保护和抵御网络威胁。在本命令发布之日起 120 天内，司法部、国土安全部和国家情报局应当按照本命令第十二条第（三）项的要求，在各自职责范围内出台指导方针，确保及时发布针对美国境内特定目标的网络威胁的公开报告。指导方针应当明确保密要求，以便更好地保护情报部门和执法部门信息来源、执行方法、调查方式等敏感内容。

（二）在国家情报局的配合下，国土安全部和司法部应当建立一种机制，以便将本条第（一）项提及的报告迅速传达至目标实体。此机制还应当按照国家信息安全保护的要求，将保密报告传达至有权接收此类报告的关键基础设施实体。在国家情报局的配合下，国土安全部和司法部应当建立追踪系统，掌握这些报告的生成、传递、和留存情况。

（三）为协助关键基础设施所有者和运营商确保其系统免受未经授权的访问、利用或破坏，在《美国法典》第 6 卷第 143 节"网络安全加强法案 2002"（6 U.S.C.143）相关条款的约束下，在国防部的配合下，国土安全部应当在本命令发布之日起 120 天内制定方案，将"增强网络安全服务"计划推广至所有关键基础设施相关部门。通过该自愿性信息共享计划，政府将为关键基础设施公司或为其提供安全服务的商业服务提供商提供网络威胁和技术相关机密信息。

（四）作为根据 2010 年 8 月 18 日发布的 13549 号行政命令（"针对州、地区、部落及私营实体的国家安全涉密信息计划"）创建的"国家安全涉密信息计划"的执行者，国土安全部应当加快推进对关键基础设施所有者和运营商聘用人员的安全调查，重点关注本命令第九条定义之关键基础设施。

（五）为了最大限度地发挥与私营机构共享网络威胁信息的作用，国土安全部应当尽可能多的将私营机构相关领域专家临时性纳入联邦服务计划。这些专家应当在共享信息内容、结构、类型等方面为关键基础设施所有者和运营商提供建议，以减少和降低网络风险。

第五条 隐私权和公民自由权保护

（一）各相关部门应当与负责隐私权和公民自由权的高级官员密切合作，共同协调本命令规定之活动，并确保对隐私权和公民自由权的保护切实融入这些活动中。这些保护工作应当符合《公平信息执行原则》和适用于相关部门活动的其他相关隐私权和公民自由权的政策、原则和框架。

（二）国土安全部首席隐私权官员和公民权利与公民自由部门的官员应当评估国土安全部按本命令承担之职能和项目在隐私权和公民自由权方面可能存在的风险，并向国土安全部提出减少或降低这些风险的方法。相关措施手段应当在本命令发布之日起一年内以公共报告的形式发布。其他参与本命令规定之活动的部门中负责隐私权和公民自由权的高级官员应当对其部门的相关活动进行评估，并将评估报告提交至国土安全部，供其参考纳入上述公共报告。该报告应当进行年度审查和必要的修订。如有必要，该报告可包含机密附件。评估行为包括比对《公平信息执行原则》和其他适用的隐私权和公民自由权的政策、原则和框架。相关部门在保护隐私权和公民自由权的行动中应当参考报告中提及的评估和建议内容。

（三）在制作本条第（二）项规定的报告过程中，国土安全部首席隐私权官员和公民权利与公民自由官员应当向隐私权和公民自由权监督委员会进行咨询，并与美国行政管理和预算局进行协调。

（四）对于私营实体根据本命令自愿性提交的信息，应当在法律许可的范围内，按照《美国法典》第 6 卷第 133 节"保护自愿共享的关键基础设施信息"（6 U.S.C.133）的相关条款予以最大限度的保护。

第六条 协商机制

国土安全部应当建立用于合作提高关键基础设施网络安全的协商机制。作为协商机制的一部分，国土安全部应当考虑来自但不限于下述各方的建议，包括关键基础设施合作咨询委员会、行业协调委员会、关键基础设施的所有者和运营商、特定行业部门、其他有关部门、独立监管机构，以及州、地方、区域和部落政府、高校和外国专家等。

第七条 降低关键基础设施网络风险的基线框架

（一）商务部应当指导美国国家标准与技术研究院负责人来牵头研发减少关键基础设施网络风险的框架（"网络安全框架"）。网络安全框架应当包含与网络风险的政策、业务和技术方法相符合的一系列标准、方法、程序和机制以应对网络风险。网络安全框架应当最大限度地包含自愿性共识标准和行业最佳实践。网络安全框架应当符合那些能够推进本命令的自愿性国际标准，还应当符合《国家标准和技术研究院法案（修订版）》（《美国法典》第15卷第271节，15 U.S.C. 271）、1995年《国家技术转移和促进法案》（公共法，第104-113页），以及美国行政管理和预算局第A-119号发文的要求。

（二）网络安全框架应当提供一个划分优先级别的、灵活的、可复制的、基于性能的、具有成本效益的、包括信息安全控制措施在内的方法，以帮助关键基础设施的所有者和运营商鉴别、评估和管理网络风险。网络安全框架应当着眼于确定跨部门的、适用于关键基础设施的安全标准和指南。网络安全框架还应当明确需要改进的地方，以便在将来与特定行业和标准制定组织开展合作。为促进技术创新，同时尊重组织差异，网络安全框架提及的指南将保持技术中立，所有满足这些标准、方法、程序和机制的产品和服务都可以在市场中竞争，这些竞争有助于关键基础设施行业应对网络安全风险。网络安全框架应当包括评估指南，以衡量实体在落实网络安全框架方面的表现。

（三）网络安全框架应当包括识别和减少网络安全框架影响的方法论，以及其他信息安全措施或商业机密控制措施，以保护个人隐私权和公民自由权。

（四）在制定网络安全框架的过程中，美国国家标准与技术研究院负责人须进行公众评审和意见征询，其协商的对象应当包括国土安全部、国家安全局、特定行业部门、美国行政管理和预算局、关键基础设施的所有者和运营商、以及在本命令第六条所建立协商机制涉及的其他利益相关方。国土安全部部长、国家情报局局长以及其他有关部门的负责人应当提供威胁和漏洞信息，以及技术专家意见，以为网络安全框架的制定提供必要信息。国土安全部应当根据本命令第九条规定之工作制定网络安全框架执行目标。

（五）美国国家标准与技术研究院负责人应当于本命令发布之日起240天内，发布网络安全框架草案。美国国家标准与技术研究院负责人应当在本命令发布之日起一年内，在与国土安全部确认符合本命令第八条之规定的基础上，发布最终网络安全框架。

（六）为与法定责任保持一致，美国国家标准与技术研究院负责人须在必要情况下对网络安全框架和相关指南进行审查和更新，这些情况包括技术的变化、网络风险的变化，以及来自关键基础设施所有者和运营商的实际反馈、本命令第八条的实施经验和其他任何相关因素。

第八条 自愿性关键基础设施网络安全计划

（一）国土安全部应当与特定行业部门协作建立自愿性计划，用于支持关键基础设施所有者和运营商以及其他相关实体采用网络安全框架。

（二）特定行业部门在与国土安全部和其他相关部门协商后，应当配合行业协调委员会对网络安全框架进行评审。在必要的情况下，还应当针对特定行业风险和操作环境制定实施指南。

（三）特定行业部门应当通过国土安全部向总统做年度报告，范围包括按照本命令第九条之规定参与计划的关键基础设施所有者和运营商。

（四）国土安全部应当协调建立一系列激励措施以促进各方参与计划。在本命令发布之日起120天内，国土安全部、财政部和商务部应当分别通过总统国土安全及反恐助理和总统经济事务助理向总统提出建议，该建议包括激励机制的效益和有效性分析、激励机制是否符合现行的法律和授权范围、是否需要立法。

（五）在本命令发布之日起120天内，国防部和总务管理局应当与国土安全部和联邦采购管理委员会进行协商，并通过总统国土安全及反恐助理和总统经济事务助理向总统提出建议。该建议应当分析将安全标准纳入采购计划和合同管理的可行性、安全效益以及相关优点。报告应当明确拟采取的步骤，以便与网络安全相关的现有采购需求保持一致。

第九条 高危风险关键基础设施的鉴别

（一）在本命令发布之日起150天内，国土安全部应当采用风险导向型方法对关键基础设施进行鉴别，明确那些一旦发生网络安全事故就可能在公共健康或安全、经济安全和国家安全方面在地区或全国范围内产生灾难性影响的设施。为鉴别上述关键基础设施，国土安全部须根据本命令第六条之协商机制参考特定行业部门的专业知识。国土安全部应为鉴别上述关键基础设施制定客观的、统一的标准。国土安全部不得根据本条规定鉴别任意商业信息技术产品或消费信息技术服务。国土安全部应当对根据本条制定的关键基础设施列表进行年度审查和更新，并通过总统国土安全及反恐助理和总统经济事务助理报送总统。

（二）特定行业部门和其他相关部门负责人应当向国土安全部提交履行本条

规定必需的信息。国土安全部应当制定信息提交机制，以便其他利益相关者提交有助于完成本条第（一）项规定的鉴别工作的相关信息。

（三）国土安全部应当与特定行业部门协调，秘密通知关键基础设施所有者和运营商，他们所有或运营的基础设施已经按照本条第（一）项之规定鉴别为高风险关键基础设施，并确保这些所有者和运营商了解鉴别的依据。国土安全部应当建立复议机制，关键基础设施所有者和运营商可通过此机制提交相关材料，并对根据本条第（一）项之规定进行的鉴别结果提出复议申请。

第十条 框架应用

（一）对于关键基础设施安全具有监管职责的相关部门应当参与国土安全部、美国行政管理和预算局以及国家安全参谋部的协商机制，以便审查网络安全框架草案，并判断当前网络安全管理要求是否能够满足应对当前和未来面临的风险的需求。在进行上述判断的过程中，这些部门应当充分考虑本命令第九条规定的关于关键基础设施的鉴别。在框架草案发布之日起90天内，这些部门应当通过总统国土安全及反恐助理、总统经济事务助理和行政管理和预算局局长向总统提交报告。为充分解决关键基础设施当前和未来面临的网络风险，该报告应当明确这些部门是否已有清晰的授权来提出网络安全框架要求，是否需要现有部门的追加授权。

（二）如当前管理要求不能满足应对风险的需求，在最终框架发布之日起90天内，根据本条第（一）项确定的部门应当提出划分优先等级的、风险导向的、有效的、协作的行动方案来降低网络风险，此方案应当与1993年9月30日发布的12866号行政命令（"监管规划与审查"）、2011年1月18日发布的13563号行政命令（"增强监管和监管部门审查"），以及2012年5月1日发布的13609号行政命令（"促进国际监管合作"）保持一致。

（三）最终框架发布之日起两年内，在与13563号行政命令和2012年5月10日发布的13610号行政命令（"识别和减少监管负担"）保持一致的前提下，根据本条第（一）项确定的部门应当与关键基础设施所有者和运营商协商，然后向美国行政管理和预算局报告所有对关键基础设施无效的、互相冲突的或超出负担能力的网络安全要求。该报告应当阐述这些部门所做的工作，并提出减少或消除上述网络安全要求的进一步行动计划。

（四）国土安全部应当为根据本条第（一）项确定的部门落实网络安全人员和项目提供技术支持。

（五）鼓励具有监管关键基础设施安全职能的独立监管机构参与国土安全部、相关特定行业部门以及其他相关方之间的协商机制，并在他们职权范围内研究提出降低关键基础设施网络风险的、主次分明的行动措施。

第十一条 术语

（一）"部门"是指美国政府部门，即《美国法典》第 44 卷第 3502 节"联邦信息政策术语"第 1 段（44U.S.C.3502（1））中定义的"部门"。《美国法典》第 44 卷第 3502 节"联邦信息政策术语"第 5 段（44U.S.C.3502（5））中定义的独立监管机构不是"部门"。

（二）"关键基础设施合作咨询委员会"由国土安全部基于《美国法典》第 6 卷第 451 节"咨询委员会"（6 U.S.C.451）条款建立，其目的在于促进联邦政府、私营机构、州、地方、区域和部落政府之间有效合作和协调，以更好地保护关键基础设施。

（三）"公平信息执行原则"是指在《网络空间可信身份国家战略》附录 A 中提出的 8 项原则。

（四）"独立监管机构"已在《美国法典》第 44 卷第 3502 节"联邦信息政策术语"（44 U.S.C.3502）中定义。

（五）"行业协调委员会"为私营机构协调委员会，由国家基础设施保护计划及其后续计划中确定的特定行业关键基础设施所有者和运营商的代表组成。

（六）"特定行业部门"已在 2013 年 2 月 12 日发布的第 21 号总统政策指令（"关键基础设施的安防与容灾"）中定义。

第十二条 通则

（一）执行本命令应当受所获拨款的限制，并符合相关法律。本命令不用于授予任何部门超出按照现行法律该部门所具有的职权之外的监管关键基础设施安全的权力。本命令不用于改变或限制任何部门按照现行法律所具有的职权或责任。

（二）本命令不用于影响或损害行政管理和预算局局长关于预算、行政管理或立法提案方面的职能。

（三）根据本命令采取的所有行动应当与情报来源和执法方法的要求和权力范围保持一致。本命令不应解读为取代依据法律权威采取的措施，这些措施用于保护直接支持情报和执法运作的具体活动和协会组织的安全性和完整性。

（四）执行本命令应当符合美国的国际义务。

（五）本命令不用于赋予任何一方制定实质或程序上可强制执行法律的权利，以此损害美国政府及其下属部门、实体、官员、雇员以及其他人员的利益。

《欧盟网络安全战略》

一、介绍

（一）内容

在过去的二十年中，互联网以及更广泛的网络空间已经在社会各方面产生了巨大的影响。借助信息和通信技术，我们的日常生活、基本权利、社会互动和经济发展能够无缝地进行衔接。开放的、自由的网络促生了政治和社会的世界性内涵；打破了公民、社区、国家之间的屏障，使得在世界范围内交流和共享信息与思想成为可能；提供了一个能够自由表达基本权利的论坛，使人们能够追寻民主和社会正义，这在"阿拉伯之春"中尤为引人瞩目。

为保持网络空间的开放、自由，欧盟应将其规范、原则和价值观推广到网络空间。网络空间应保护基本权利、民主和法律制度。我们的自由和繁荣越来越依赖于一个强大和具有创新性的互联网，在私营行业创新和民间社会的推动下，互联网将继续蓬勃发展。但网络自由同样需要安全。应对网络空间进行保护，以免受到事故、恶意行为和滥用的影响。政府应在保障网络空间自由和安全方面扮演重要的角色。政府有以下任务：维护网络空间可访问性和开放性、尊重和保护在线的基本权利、维护互联网的可靠性和互操作性。然而，网络空间中的重要部分被私营行业拥有和经营，因此，任何想取得成功的倡议都必须承认私营行业的主导作用。

信息和通信技术已经成为我们经济增长的支柱，成为所有经济行业依赖的关键资源。许多商业模型都要求必须能够不间断地使用互联网和流畅地使用信息系统功能，因此，信息和通信技术为金融、健康、能源、交通等关键行业赖以运转的复杂系统提供了基础支撑。

通过完成数字消费单一市场，欧洲每年能够增加 500 亿欧元的 GDP，平均每人 1000 欧元。为促进电子支付、云计算、物联网等新技术的发展，需要加强公众的信任和信心。不幸的是，2012 年的 Eurobarometer 调查表明，几乎三分之一的欧洲人不认为他们具有使用网上银行或网购的能力。绝大多数人说他们出于安全考虑避免在线公开个人信息。在整个欧盟，超过十分之一的互联网用户已经成为网上诈骗的受害者。

近年来，尽管数字世界带来了巨大的好处，但它仍很脆弱。有意或无意的网络安全事件都在以惊人的速度增长，这些事件可能会扰乱供水、医疗、供电、移动通信等基本服务。威胁的来源各不相同，包括：犯罪、政治动机、恐怖组织、国家发起的攻击、以及自然灾害和意外等。

欧盟的经济已经受到了针对私营行业和个人的网络犯罪活动的影响。网络犯罪分子使用更加成熟的方法入侵信息系统、窃取重要数据、或勒索公司赎金。经济间谍和国家资助的网络活动成为欧盟各国政府和企业面临的新威胁。

在欧盟以外的国家，政府也可能滥用网络空间对自己的公民进行监控。欧盟可以通过促进在线自由和确保尊重在线的基本权利来应对这些情况。

所有这些因素是世界各地的政府着手制定网络安全政策、并将网络视为一个日益重要的国际问题的原因，欧盟已经到了在此领域采取措施的时间。欧盟的网络安全战略欧盟由委员会和欧盟外交和安全政策高级代表（高级代表）提出，战略概述了欧盟在此领域的愿景，明确了角色和职责，并在强效保护和提升公众权利的基础上列出了需要采取的行动，以使欧盟的在线环境成为世界上最安全的环境。

（二）网络安全的原则

无国界的、多层次的互联网已成为促进世界进步的最有力工具之一，且无需政府监管和规范。私营行业应继续在互联网的建设和日常管理中发挥主导作用，同时各行业对网络的透明度、可审计性和安全的需求日益突出。本战略明确了用于指导欧盟和国际安全政策的原则。

欧盟的核心价值观在数字世界和物理同样适用

适用于我们日常生活的法律和规范，同样适用于网络领域。

保护基础权利、言论自由、个人数据和隐私

合理和有效的网络安全必须建立在基本权利和自由的基础上，这样才能符合欧盟的核心价值观和欧盟基本权利宪章。另一方面，个人的权利也需要网络和系统安全来保障。任何以网络安全为目的信息共享都应符合欧盟数据保护法，并应充分考虑个人权利。

均可访问

数字世界已经与社会活动密不可分，无法或受限访问互联网、缺乏数字教育都不利于公众的发展。每个人都应能访问互联网，并能流畅的交流信息。必须确保互联网的完整性和安全性，以确保访问安全。

民主、高效的多利益相关方管理

数字世界不由单一的实体控制，而是有多个利益相关方。其中的商业和非政府实体，参与管理了网络资源、协议和标准，并将继续参与互联网的未来发展。欧盟重申了当前网络管理模式中所有利益相关方的重要性，并将继续支持多利益相关方管理的方法。

责任共担、确保安全

人类生活的各个领域对信息和通信技术的依赖性持续增长，有必要对出现的脆弱点进行合理定义、深入分析，以降低和减少相应的安全风险。包括公共部门、私营行业或公民个人在内的所有相关主体都应共同承担责任，采取行动来自我保护，并在必要时协调响应来加强网络安全。

网络安全通常指的是保障措施和行动，可以用来保护网络领域安全。在民用和军事领域，这些网络威胁，与或可能损害其相互依存的网络和信息基础设施的威胁。网络安全通过措施努力保护网络和基础设施的可用性和所包含信息的完整性和机密性。

二、战略优先级与行动

欧盟应为网络环境提供保障，同时最大可能的保障每个人的自由和安全。尽管成员国需要各自应对网络空间安全挑战，本战略从整个欧盟的角度提出了具体的行动方案。这些长期或短期的行动方案包含了各种政策工具和不同类型的执行者，例如欧盟机构、成员国或私营行业。

本战略所提出的愿景分为五个战略重点，通过这五个战略重点来应对上述挑战，包括：实现网络恢复、大力减少网络犯罪、制定和开发与共同安全与防务政策框架（CSDP）相关的网络防御政策和能力、开发网络安全的工业和技术资源、为欧盟建立一个连贯的国际网络空间政策并促进欧盟的核心价值观。

（一）实现网络恢复

为促进欧盟的网络恢复能力，公共部门和私营行业必须密切合作开发相应的能力。在已取得积极成果的基础上，欧盟应着重应对跨国的网络风险和威胁，建立紧急情况下的协调响应机制。这有助于国际市场的良性发展，并能加强欧盟内部安全。

欧盟需要投入大量精力来提升公共和个人防范、检测和应对网络安全事件的能力。这也是欧盟委员会制定网络与信息安全（NIS）政策的原因。

欧洲网络与信息安全局（ENISA）成立于2004年，欧盟委员会和欧盟议会正在协商批准一份新规定，用于加强和完善ENISA的职能。此外，电子通信指令框架要求电子通讯供应商对他们的网络风险进行妥善管理，并报告重大安全漏洞。同时，《欧盟数据保护法》需要数据服务商满足数据保护要求和使用安全保障措施。在公开的电子通信服务领域，数据服务商必须将涉及违反个人数据的事件通告国家主管部门。

尽管网络安全在基于自愿承诺的基础上有所进展，但欧盟不同国家间仍存在差异。例如，在跨国界安全事故案件协调以及私营行业的参与和准备程度方面，各国的能力不尽相同。本策略特别提出一些法律方面的建议：（1）在国家层面上建立各成员国应当遵守的NIS通用最低要求，包括：指定国家主管机构、建立功能完善的应急响应队伍（CERT）、采用国家NIS战略和国家NIS合作计划。同时，能力建设和协调涉及下述欧盟机构：负责欧盟机构、部门、和个人的IT系统安全的计算机应急响应小组（CERT-EU），（本机构于2012年建立）。（2）建立预防、检测、应对和响应的协调机制，使各国NIS主管机构能够共享信息和相互援助。各国NIS主管机构将在NIS联盟合作计划的基础上，在欧盟的范围内开展合作，上述合作计划旨在应对跨国的网络安全事件。合作将以"欧盟成员国欧洲论坛（EFMS）"取得的进展为基础，论坛中关于NIS公共政策的讨论和交流成果可被纳入拟建的合作机制中。（3）私营行业提高准备和参与程度。由于绝大多数网络和信息系统为私人拥有和经营，促进私营行业参与对提高网络安全水平来说至关重要。私营行业应从技术层面建立各自的网络恢复能力，并共享行业最佳实践。私营行业开发的、用于响应安全事件、找出原因以及进行证据调查的工具，也应被用于公共行业。

然而，对于形成风险管理文化或进行安全解决方案投资来说，目前仍缺乏有效的激励机制来激励私营行业提供关于 NIS 安全事件发生或影响的可靠数据。因此，所提出的法律建议致力于使一些关键领域（如能源、银行、股市、关键的互联网服务、公共管理部门）人员能够评估他们面临的网络安全风险，能够通过适当的风险管理手段来确保网络和信息系统的可靠性和可恢复性，能够与国家 NIS 主管机构共享指定信息。对于私营行业，网络安全文化的采用能够增加商业机遇，增强商业竞争力，这是网络安全的卖点。这些实体必须向国家 NIS 主管机构报告那些对依托网络和信息系统的商品供应和核心服务产生重大影响的安全事件。

国家 NIS 主管机构应相互协作，并与其他监管机构，特别是个人数据保护机构，交换信息。国家 NIS 主管机构应向执法机构报告涉嫌犯罪的行为。国家主管机构应在指定的网站上公布关于安全事件和风险的非涉密预警信息。公共行业和私营行业之间的非正式自愿合作，有助于提高安全水平、信息交流、和最佳实践，法律责任不应代替或阻止这种合作。欧洲恢复力公私合作组织（EP3R）是一个欧盟层面的合理有效的平台，应促进其进一步发展。

连接欧洲设施（CEF）将为关键基础设施提供财政支持，以便连接各成员国的 NIS 机构，为欧盟内的合作提供便利。

最后，有必要进行欧盟层面的网络安全事件演习，以模拟各成员国和私营行业之间的合作。2010 年举办的第一次演习（"网络欧洲 2010"）涉及了各成员国，2012 年 10 月进行的第二次演习（"网络大西洋 2012"）还涉及到私营行业。2011 年 11 月举行了欧盟－美国合作演习。未来几年内的进一步演习计划，将把国际合作者吸收进来。

提高意识

维护网络安全是一个共同责任。最终用户在维护网络与信息系统安全中起着重要作用:他们必须意识到所面对的网络风险，并能够采取简单的措施来进行防范。

近几年已经开发了一些控制措施，还需要进一步开发。ENISA 一直通过发布报告、组织专家研讨会、开展公私合作来提高安全意识。欧洲司法组织、欧洲刑警组织以及国家数据保护机构也在努力进行意识宣传。2012 年 10 月，ENISA 与一些欧盟成员国合作推出了"欧洲网络安全月"活动。提高意识是欧美网络安全工作组的工作领域之一，网络犯罪也是更安全的互联网项目的工作内容之一（主要关注儿童在线安全）。

（二）大力减少网络犯罪

随着数字生活的逐渐深入，网络罪犯的机会也逐渐增多。网络犯罪是增长最快的犯罪形式之一，每天全世界约有一百万人成为网络犯罪的受害者。网络犯罪使用的网络变得越来越复杂，我们需要有正确的操作工具和能力来解决这些问题。网络犯罪风险低、收益高，犯罪分子利用了网站域的匿名特性。网络犯罪无国界－互联网的全球影响力意味着必须采取协调和协作的跨境执法方式来应对这一日益严重的威胁。

强而有效的法律

欧盟及其成员国需要采取强而有效的法律措施来应对网络犯罪。欧洲网络犯罪理事会公约，即布达佩斯公约，是具有约束力的国际条约，为各国立法提供了有效的参考框架。

欧盟已经采用了一些关于网络犯罪的法律，包括打击在线儿童性色情的指令。欧盟也将达成应对信息系统攻击（包括通过僵尸网络的攻击）的指令。

增强运营能力，打击网络犯罪

网络犯罪技术正在加速发展：执法部门无法用过时的工具打击网络犯罪。目前，有些欧盟成员国还不具备有效应对网络犯罪的能力。所有的成员国都需要有效的国家网络犯罪应对单位。

在欧盟层面上增强协调

欧盟可以将促进各方协调和协作的方式作为成员国工作的补充，各方包括欧盟及欧盟以外的执法和司法机构、公共和私营行业利益相关者。

（三）制定和开发与共同安全与防务政策框架（CSDP）相关的网络防御政策和能力

欧盟关于网络安全的努力还包括网络防御的维度。为增强通信与信息系统的恢复能力，并支持各成员国的国防和国家安全利益，应集中发展针对复杂网络攻击的检测、响应和恢复的网络防御能力。

鉴于威胁来自多方面，应加强民间和军方的合作以保护关键网络资产。应在欧盟各国政府、私营行业和学术界开展密切合作，加强研发，支持信息安全工作。为避免重复，欧盟将探索欧盟和北约互相合作的可能性，以便互相协调，提高关键的政府、国防和其他信息基础设施的恢复能力。

（四）开发网络安全的工业和技术资源

欧洲具有良好的研发能力，但许多全球领先的创新信息和通信技术产品和服务处于欧盟以外。欧盟过度依赖其它地方的 ICT 产品和服务以及欧盟之外的安全解决方案，这会带来信息安全风险。必须确保在关键服务、关键基础设施和日益增多的移动设备中使用的软硬件组件可信，无论是来自欧盟还是其他国家，同时应保障个人数据安全。

推动网络安全产品单一市场

为确保高水平的安全水平，所有供应链（如设备制造商、软件开发者、信息社会服务提供者）都应优先考虑安全问题。然而，很多人仍然把安全作为一个额外负担，并不太需要安全解决方案。应该为欧洲使用的所有 ICT 产品制定合适的供应链安全要求。需要激励私营行业采取措施提高网络安全水平。例如，授予具有良好网络安全性能的企业相关标识，以显示其产品具备足够的网络安全性能，对企业的网络安全性能进行追踪记录，将企业的网络安全性能化为市场竞争力等。同时，NIS 指令中提出的责任将大大有助于加强所涉及行业的企业竞争力。

还应激励欧洲市场所需的高度安全产品。首先，本战略旨在增加 ICT 产品安全的合作和透明度。本战略呼吁建立一个欧洲公共行业和私人行业利益相关者共同参与的平台，确定供应链网络安全的良好实践，为开发和采用安全的 ICT 解决方案创造有利的市场条件。应重点关注建立激励机制，以进行合适的风险管理和采用安全标准和解决方案，并在欧盟和国际现有方案的基础上，建立欧盟范围内的自愿性认证方案。欧盟委员会将促进各成员国采用一致的方法，以避免对企业造成地区性劣势。第二，欧盟委员会将支持开发安全标准，并在云计算领域需要对数据继续保护时，使用欧盟范围的自愿性认证方案进行支持。包括关键经济部门(工业控制系统、能源和运输基础设施)在内的工作重点应放在供应链的安全上。这些工作必须参考欧洲标准化组织(CEN、CENELEC、ETSI)、网络安全协调组(CSCG)、ENISA专家、欧盟委员会等相关参与者正在进行的标准化工作。

促进研发投资和创新

研发能够有效地支持产业政策、提高欧洲 ICT 产业的可信度、促进内部市场发展、降低欧洲对国外技术的依赖程度。考虑到不断进化的用户需求和双重用途技术带来的好处，研发工作应弥补 ICT 安全的技术缺口，为下一代安全挑战提供准备。应该继续支持密码学的发展。这些要求必须提供必要的激励机制和适当的政策条件，通过努力将研发结果转化为商业解决方案。

欧盟应该尽量做好 2014 年启动的"地平线 2020"研究和创新框架项目。欧盟委员会的建议包括可信 ICT、打击网络犯罪的具体目标，这些目标符合本战略的规划。"地平线 2020"项目将为新兴的 ICT 技术相关研究提供支持，为端到端的 ICT 系统、服务和应用提供解决方案，为采用和实施现有解决方案提供激励机制，同时考虑网络和信息系统间的互操作性。欧盟层面将格外注意优化和协调各种资助项目（"地平线 2020"、内部安全基金以及欧洲合作框架在内的 EDA 研究基金）。

（五）为欧盟建立一个连贯的国际网络空间政策并促进欧盟的核心价值观

保持网络的空间开放、自由与安全是一个全球性的挑战，欧盟应与有关国际伙伴和组织、私营行业和民间社会一起应对此挑战。

关于国际空间政策，欧盟将寻求促进互联网的开放性自由，鼓励努力制定行为规范并将现有的国际法律应用到网络空间中。欧盟还将努力缩小数字鸿沟，并将积极参与建设国际网络安全能力。欧盟关于网络问题的国际约定须由欧盟的核心价值观来指导，核心价值观还包括个人尊严、自由、民主、平等、法治以及对基本权利的尊重。

将网络空间问题纳入欧盟对外关系和共同外交与安全政策的主流中

欧盟委员会、欧盟外国事务和安全政策高级代表和各成员国应该表述一个连贯的欧盟国际网络空间政策，该政策旨在建立和加强与主要国际合作伙伴和组织以及民间社会和私营行业的关系。应设计、协调、实施欧盟与国际合作伙伴关于网络问题的磋商机制，以便增加欧盟成员国和第三方国家间双边对话的价值。欧盟将重新关注与第三方国家的对话，尤其是要关注那些志同道合的、共享欧盟价值观的伙伴。这将促进实现高水平数据保护，包括向第三方国家转移个人数据。为了解决网络空间的全球挑战，欧盟将寻求与活跃在这一领域的组织密切合作，这些组织包括欧洲理事会、经济合作与发展组织、联合国、欧安组织、北约、美洲国家组织、东盟等。在双边层面，与美国的合作尤为重要，将深入发展诸如网络安全和网络犯罪欧美工作组之类的合作。

推动网络空间的自由和基本权利是欧盟国际网络政策的主要目的之一。扩大互联网的访问范围能够推进世界性的民主改革。持续增长的全球性连接不应附有审查和监控。欧盟应推动企业社会责任，并启动在此领域加强全球协调的国际举措。

更加安全的网络空间是包括民众和政府在内的全球信息社会所有参与者的责任。欧盟支持努力定义所有利益相关者都遵从的网络空间行为规范。正如欧盟希望公民遵守公民在线的义务、社会责任和法律一样，国家也应该遵守规范和现有的法律。在国际安全问题上，欧盟鼓励在网络空间发展安全信任措施，以便增加透明度和降低误解国家行为的风险。

欧盟不寻求创造新的国际法律工具来应对网络问题。

公民权利和政治权利国际公约、欧洲人权公约、欧盟基本权利宪章等法律规定的责任和义务，在网络中同样应该被遵守。欧盟将关注如何在网络空间中执行这些措施。

《布达佩斯公约》是第三方国家解决网络犯罪的开放式工具。该工具为国家网络犯罪法案起草工作提供了模型，为此领域的国际合作提供了基础。如果武装冲突扩散到网络空间，国际人道主义法以及其他适当的人权法律将同样适用。在第三方国家发展基于网络安全和信息基础设施恢复力的能力。

持续增长的国际合作有益于提供通信服务的底层基础设施的顺利运作。国际合作包括：交流最佳实践、共享信息、预警、事件管理演习等。通过努力加强国际合作，推动政府和私营行业的关键信息基础设施保护（CIIP）项目，欧盟将致力于实现以上目标。

由于缺乏开放的、安全的、可靠的和可互操作的互联网接入特性，并不是世界上所有的地方都能够从互联网的积极影响中受益。因此，欧盟将继续支持那些发展互联网接入和促进公众使用互联网的国家所做的努力，以确保完整性和安全性，并有效地打击网络犯罪。

三、角色和责任

在互相连接的数字经济和社会中，网络安全事件不会受到国界的限制。包括NIS主管机构、CERTs、执法机构和私营行业在内的所有参与者都必须承担本国和欧盟层面的责任，共同努力加强网络安全。由于网络安全涉及到不同的法律框架和管辖权，关键挑战是明确众多参与者的角色和责任。

鉴于问题的复杂性和参与者的多元化，并不能靠欧洲集中监管来解决问题。国家政府应制定相关政策流和法律框架，并据此组织对网络安全和攻击事件的防范和响应，建立与私营行业和普通公众之间的联络机制。同时，基于风险的无国界性，有效的国家响应往往需要整个欧盟层面的参与。为全面应网络安全事件，所有活动应包括以下属于不同法律框架的三个要素：NIS、执法和防御。

（一）协调 NIS 能力 /CERT、执法和防御

国家层面

欧盟各成员国应已经或者将根据本战略，制定应对网络恢复能力、网络犯罪和国防的计划，并能够达到应对网络安全事件所需的能力要求。然而，由于一些实体在不同维度的网络安全上有不同的运行责任，且私营行业的参与非常重要，应从国家层面进行协调，并进行跨政府部门的优化。各成员国应在各自的国家网络安全战略中明确各国中不同实体的角色和责任。应鼓励在国家实体和私营行业之间进行信息共享，以使各会员国和私营行业就不同威胁持有相同的总体看法，更好的了解网络攻击的新趋势和新技术，并能够进行快速响应。通过建立网络安全事件发生时采用的国家 NIS 合作计划，各成员国应能明确分配角色和职责，并对响应行动进行优化。

欧盟层面

与国家层面类似，在欧盟层面上也包括一系列网络安全的参与者。其中，ENISA、欧洲刑警组织 /EC3、和欧洲防务局（EDA）分别是 NIS、执法部门、国防部门的三个代理机构。这些机构的管理委员会由各成员国参与，并在欧盟层面上提供协调平台。

鼓励 ENISA、欧洲刑警组织 /EC3、和 EDA 在某些共同参与的领域采取合作与协作，这些领域包括趋势分析、风险评估、培训和最佳实践共享。他们应该合作的同时保留各自的特性。欧盟委员会和各成员国将与这些机构和 CERT-EU 一道，对培养本领域技术和政策专家可信团队进行支持。

协调与合作的非正式渠道会得到更多结构关系的补充。欧盟军事人员和 EDA 网络防御项目团队可以在国防中作为协调向导。欧洲刑警组织 /EC3 的项目委员会将召集其他欧洲司法组织、CEPOL、成员国、ENISA 和欧盟委员会，并提供机会，以分享他们的独特的知识，确保 EC3 的行动是在合作中进行，认识到额外的专业知识并尊重所有利益相关者的要求。ENISA 的新任务是应该尽可能地增加与欧洲刑警组织的联系，并加强与私营行业利益相关者的联系。最重要的是，欧盟委员会关于 NIS 的立法建议计划建立一个基于各国 NIS 主管机构网络的合作框架，推动 NIS 和执法部门之间的信息共享。

国际层面

欧盟委员会和欧盟外国事务和安全政策高级代表保证，将与成员国一起，在网络安全领域开展互相协调的国际行动。在这样做时，欧盟委员会和欧盟外国事务和安全政策高级代表将秉承欧盟的核心价值观，并促进网络技术的和平、开放和透明地应用。欧盟委员会、欧盟外国事务和安全政策高级代表会以及各成员国将与国际合作伙伴和国际组织进行政策对话，国际组织包括欧洲理事会、经合组织（OECD）、欧安组织（OSCE）、北约（NATO）和联合国。

（二）欧盟在发生重大网络事故或攻击时提供支持

重大网络安全事件和攻击可能影响欧盟的政府、企业和个人。本战略的成果，包括关于 NIS 的指令，有助于对网络安全事件的预防、检测和响应，欧盟委员会和成员国应就重大网络安全事件和攻击保持更密切信息交流。然而，响应机制将根据性质、安全事件的程度和跨国影响有所不同。

如果安全事件严重影响企业的业务连续性，NIS 指令将根据安全事件的跨国性质触发国家或欧盟的 NIS 合作计划。在这种情况下，可通过使用 NIS 主管部门网络来共享信息和支持。这将有助于保护和 / 或恢复受影响的网络和服务。

如果安全事件可能涉及犯罪，应通知欧洲刑警组织 /EC3，以便他们与受影响国家的执法部门一起，开展调查、保存证据、查明肇事者以及最终起诉犯罪分子。

如果安全事件可能涉及网络间谍或国家发起的攻击，或国家安全受到影响，国家安全和国防部门会将对相关同行进行警告，以便让他们知晓正在经受攻击，并能进行自我保护。接下来，预警机制将被激活，危机管理和其它程序也将在需要的情况下被激活。如果发生特别严重的网络安全事件或攻击，欧盟成成员国可援引欧盟团结条款（对欧盟功能条约的第 222 条）。

如果安全事件可能损害个人数据，国家数据保护机构或国家监管机构将根据 2002/58/ 欧盟指令开展进行参与。

最后，联系国际合作伙伴并寻求他们的支持，有助于处理网络安全事件和攻击。这可能包括缓解技术、刑事侦查、或激活危机管理响应机制。

四、总结和后续工作

本欧盟网络安全战略由欧盟委员会和欧盟外国事务和安全政策高级代表提出，在强力保护和提高公民权利的基础上概述了欧盟的愿景和所需的行动，以使欧盟在线环境成为世界上最安全的在线环境。

实现本愿景，需要不同参与者之间的真正合作，并承担未来挑战的责任。

因此，欧盟委员会和欧盟外国事务和安全政策高级代表将请欧盟理事会和欧洲议会批准本战略，并支持概述行动的实施。私营行业和民间组织是增强安全水平和保障公民权利的关键参与者，需要强有力的支持。

现在到了采取行动的时刻。欧盟委员会和欧盟外国事务和安全政策高级代表已经决定与所有参与者一起工作，提供欧洲所需的网络安全。为保证战略的有效地评估和实施，所有相关方在将于12个月内召开高级别会议对战略进展进行评估。

附录III　2013年世界信息安全大事记

1月

4日，日本加入《跨太平洋战略经济伙伴协定》（TPP）谈判的有关机密信息被黑客窃取。

4日，伊朗海军首次开展网络战演习，模拟反击黑客及病毒袭击。

9日，美国最大的20家银行遭到网络袭击，袭击手段主要是分布式拒绝服务攻击（DDoS，即攻击指借助于服务器，将多个计算机联合起来作为攻击平台，对一个或多个目标发动DoS攻击）。

9日，工业和信息化部印发《工业和信息化部关于推进物流信息化工作的指导意见》。

10日，全国检察长会议决定检察机关将突出打击网络犯罪。

15日，俄罗斯总统普京发布网络安全相关的总统令，责成俄联邦安全局制定针对国家信息资源和俄驻外使领馆的网络攻击的侦测、预警及后果消除机制。

16日，墨西哥国防部网站遭到黑客攻击，网站被贴上了该国反政府组织的宣言。

21日—27日，中国金融认证中心总经理季小杰针对防范电子支付行业安全问题提出五点建议。

25日，衡阳市电子政务内网系统正式开通。

26日，美国量刑委员会（联邦法院系统制定量刑政策的机构）网站被攻破。由于遭到攻击，美国量刑委员会（Sentencing Commission）网站当日多数时间处于离线状态。

29日，国家互联网信息办公室对网上淫秽色情及低俗信息集中开展清理整治工作。

2月

1日，Twitter表示，其系统在过去一周中遭到不明黑客团体的攻击。在攻击中，黑客可能获得了约25万用户的用户名、电子邮件地址和其他敏感信息。

1日，北京市应急办发布《北京市网络与信息安全事件应急预案》（修订版）

5日，日本外务省发表声明称，该省公用电脑遭到网络攻击，20份内部文件疑被外泄。

8日，美国银行界4000多人的个人信息被黑客组织"匿名者"公开。

12日，美国白宫宣布，总统奥巴马签署行政命令，扩大联邦政府与私营企业的合作深度与广度，加强"关键基础设施"部门的网络安全。

17日，日本举行黑客技术和知识竞技比赛决赛。

18日，卡巴斯基被曝其Endpoint Security产品导致用户网络出现问题。

20日，正在印度访问的英国首相卡梅伦与印度签署网络安全协议，以缓解英国对在印度储存的个人和商业数据可能受到攻击的担忧。

21日，一位名为AnonSabre的黑客泄露了58.3万个身份验证信息，包括电邮地址和对应密码，它们都来自以色列门户网站Walla。该网站是以色列最受欢迎的站点之一，提供新闻，搜索和邮箱服务。

21日，台湾"驻美代表处副代表"李澄然表示，"加强网络安全合作，是台美双方关系的重要一环"。台湾已向美方争取加入规划中的网络安全演习。

25日，三星电子在西班牙"移动世界大会"上发布安全软件附加层Knox，三星移动执行副总裁YH Lee表示，该公司正考虑将Knox嵌入其下一代旗舰智能手机中。

25日，惠普透露了其大数据安全战略，该战略将综合Autonomy的企业级搜索和知识管理与惠普自己的ArcSight安全事件与信息管理（SIEM），找出探测网络攻击或无赖员工行为的新方法。

25日，国务院修改《信息网络传播权保护条例》，决定将第十八条、第十九条中的"并可处以10万元以下的罚款"修改为："非法经营额5万元以上的，可处非法经营额1倍以上5倍以下的罚款；没有非法经营额或者非法经营额5万元以下的，根据情节轻重，可处25万元以下的罚款"。

27日，黑客入侵考试网站篡改300多名考生成绩，获取17万多元的好处费。

3名嫌疑人已被南宁市青秀区人民检察院批准逮捕。

28日，卡巴斯基实验室与CrySyS实验室宣称，全球至少20个国家政府网站遭到新一轮网络袭击，安全专家认为黑客的目的可能是为窃取政治情报。

28日，国防部举行例行记者会，指出中国军队从未支持过任何黑客活动，中国也面临着网络攻击的严重威胁，2012年中国国防部网和中国军网每月平均遭受来自境外的攻击达14.4万余次。

3月

1日—2日，马来西亚与菲律宾部落武装因沙巴州土地归属问题发生交火。在这次冲突中，马来西亚与菲律宾的黑客相互实施了网络攻击。

3日，云计算笔记应用Evernote向近5000万用户发出重置密码通知。Evernote表示，近期遭遇了黑客攻击，导致大量用户名、电子邮件地址和加密密码泄露。

5日，我国召开2013年国家金融信息安全研讨会，就国家金融信息安全核心话题进行研讨，以推进国家金融信息安全战略出台和宣贯。

5日，印度政府为了全面地解决赛博安全问题，起草了《国家赛博安全政策》草案。

7日，国家税务总局发布《网络发票管理办法》，自2013年4月1日起施行。

8日，美国黑客组织"匿名者"的一名领导者发出威胁，称将对美国大公司以及政府部门发动更大规模的"网络战"。

12日，美国网络战司令部司令亚历山大在国会宣布，将新增40支网络部队。

12日，日本政府和电力公司使用模拟系统，开展了首次应对网络攻击演习。

14日，加拿大温哥华举办黑客大赛，黑客们各显身手，模拟比赛中已经将各大主流浏览器一一拿下。

14日，支付应用工作委员会在首届全国"网络支付安全宣传周"活动启动仪式上发布《共建网络支付安全环境倡议书》。

14日，雅虎邮箱用户称邮箱持续遭黑客攻击，而雅虎方面态度消极。

15日，美国国家安全局与高校联手举办黑客大赛。

18—24日，国家发展和改革委员会发布《电子招标投标办法》，这是我国电子招标投标的第一件部门规章，将自5月1日起正式实施，这对推动招标投标运行机制变革意义重大。

19 日，英国家庭办公室发布减少网络犯罪合作计划（Cyber Crime Reduction Partnership, CCRP）。

20 日，韩国三家电视台以及两家银行的服务器受到网络黑客的大规模攻击，出现瘫痪。

20 日，韩国组建网络危机对策本部实时应对黑客攻击。

21 日，BBC 天气 Twitter 账户发布一系列中东国家假的天气情况信息。此前，"叙利亚网络军团"发动黑客攻击，BBC 阿拉伯语和阿尔斯特电台的 Twitter 账户也遭到劫持。

21 日，美国报导美国国防先期计划研究局将启动无线网络防御项目。

24 日，德国联邦情报局成立网络安全机构，以对付联邦机构和经济界遭受的黑客攻击。

26 日，韩国政府综合计算机中心称全国 7 个广域市和道出现计算机网络瘫痪状况，目前已经恢复正常，事故原因为设备故障。

27 日，美国著名的金融公司美国运通公司遭到黑客组织的网络攻击，致使该公司持续数小时运营瘫痪。

27 日，英国内阁将建立网络安全信息共享机制，英国国家通信总局（GCHQ）、军情五处、警方和企业都会派专家支持该机制，以确保更有效地合作来应对网络攻击。

27 日，日本和美国两国政府达成一致，将于 5 月在东京举行有关网络安全问题的首次综合对话。

27 日，俄罗斯国防部长谢尔盖·绍伊古委托总参谋部一系列部门完成组建网络司令部的研究。

27—28 日，第四届亚洲智能卡展（CARTES Asia 2013）于香港亚洲国际博览馆隆重举行。展览为亚太地区带来数百家创新解决方案供应商，以及制卡、支付、安全、身份识别、移动等行业的市场领导者。

28 日，奇虎 360 发布"库带计划"，以现金奖励方式向技术高手征集开源建站系统漏洞，用以帮助软件公司和开发者及时推出漏洞补丁，加强国内数百万网站对黑客攻击的防范能力。

28 日，欧洲遭受网络攻击，此次攻击主要通过开放的 DNS 解析器，流量从一开始的 10Gbps、90Gbps，逐渐扩大至 300Gbps，成为网络史上最严重的一次

DDoS 攻击，差点致使欧洲网络瘫痪。

28 日，美国广播公司网报道，奥巴马签署了一项开支法案，其中包含了禁止联邦政府机构采购与中国政府有关联企业的信息技术产品的条款。

4 月

2 日，巴西预防和打击网络犯罪法规生效。根据这部法律的规定，凡是对计算机、平板电脑或手机进行黑客攻击，或者是未经许可就通过网络获取个人或是单位秘密信息，都被列为"犯罪行为"，将受到法律的严惩。司法当局将根据网络罪行的严重程度给予定罪，最高刑期为两年。

2 日，由中国金融认证中心主办的"2013 中国电子银行联合宣传年启动仪式暨首届金融品牌峰会"在北京举行。

3 日—4 日，导航网站 goo 爆出遭黑客攻击的事件。黑客尝试以违法手段破解导航网站 goo 会员密码，被害情形在调查期间中不断扩大，截至 4 月 4 日已证实约 10 万会员账号密码被破解，信用卡、银行账户与个人资料都有泄露疑虑。

4 日，墨西哥公安部门成立网警部队，加强对科技化、网络化犯罪的监管。

4 日—6 日，国际黑客组织继 4 日攻击朝鲜对外宣传网站"我们民族之间"，并公开该网站 9001 名会员的个人信息之后，6 日追加公开了 500 名该网站会员的个人信息。

6 日，卡内基·梅隆大学打造出下一代更安全和快捷的指纹支付系统 PayTango。

7 日，多名黑客联合黑客组织"匿名者"攻击了以色列总理办公室、国防部、教育部与中央统计局等机构的网站，但所有的网站都运转正常。

8 日，西班牙将成立工业网络安全中心（ICC），以解决该国关键信息和通信技术中存在的网络安全漏洞，该中心将于 2013 年 6 月投入使用。

9 日，欧洲六国联手要求谷歌修改隐私政策。

11 日，2013 互联网产业安全论坛在北京隆重举行，论坛分享了互联网安全最佳实践成果，呼吁产业界采取行动共同保护用户，并向社会宣告互联网企业安全工作组成立，工作组网站 WWW.ISWG.CN 正式上线。

11 日，中国工业和信息化部发布《电信和互联网用户个人信息保护规定（征求意见稿）》，明确电信业务经营者、互联网信息服务提供者及其工作人员不得泄露用户信息，不得出售和非法向他人提供用户信息，违者很可能将面临最高 3 万元的罚金,严重者将追究刑事责任。

14 日,著名的黑客组织"匿名者"第二次破解侵入了朝鲜的一家国家官方新闻网站,希望借此举激怒朝鲜政府。这是本月第二次"匿名者"组织侵入朝鲜网站。

14 日,韩国唯一的核电运营商把旗下所有核电站内部电脑网络与外部互联网分离,以防网络攻击。

16 日—18 日,在美国国家安全局举办的"赛博防御演习"中,美国空军学院赛博代表队得分超过来自美国和加拿大其它军事院校的代表队,连续第二年取得胜利。

17 日,德国联邦教研部与联邦内政部投资 800 亿支持物联网安全研发。

19 日,中国工业和信息化部通信保障局召开了"拒绝服务攻击专题研讨会"。

20 日,CBS 新闻的两个 Twitter 账号——"@60 Minutes"和"@48 Hours"遭到黑客的袭击。他们登录这两个账号,发布虚假消息,声称美国政府协助恐怖组织。

21—24 日,成龙慈善基金会官网连续遭到黑客攻击。

22 日,美国国防部首次披露了有关空军反网络攻击运营、军队经费等方面高达 3000 亿美元预算的具体使用情况。

22 日,洛克希德·马丁公司将为美国防部首席信息官办公室创建联合信息环境。

23 日,美国众议院通过备受争议的《网络情报共享和保护法案》,简称为 CISPA。作为回应,黑客活动组织 Anonymous 呼吁互联网用户起来抗议 CISPA。

23 日,美国威瑞森公司发表《数据窃取调查年度报告》,首次将"有政府背景的网络间谍行为"单独列出,称其分析的 2012 年可确定的 120 起政府网络间谍案中,96% 源自中国,其他 4% 来源不明。

23 日,黑客入侵美联社 Twitter 账户,谎报白宫发生两起爆炸,总统奥巴马受伤,美国股市闻讯短暂大跌,但旋即回升。

29 日,法国发布《国防和国家安全白皮书》,确定了 2014—2019 年国防和国家安全战略,并作为法国议会即将在 2014 年夏季前发布的军事规划法律的框架。

30 日,美国 NIST 修订联邦赛博安全标准 -SP800-53。

5 月

1 日,华盛顿自由灯塔新闻网站报道,黑客从 1 月开始入侵美国水坝数据库,但直到 4 月初才被发现。

5 日，日本情报通信研究机构决定，在石川县设立国内首个可以通过植入病毒来调查病毒弱点的实验所。

9 日，美国破获跨国黑客犯罪集团，该跨国黑客犯罪集团通过"黑"进银行预付借记卡系统，在 ATM 自动取款机上盗取了总计高达 4500 万美元的巨款。

9 日，百度宣布推出手机安全管家。

9 日，美国国防部向国会提交并发表 2013 年度《中国军事与安全态势发展报告》，重弹"中国军事威胁"和"中国军力不透明"的老调，指责中国维护国家主权权益的正当举动。

9 日—10 日，日美两国政府在日本外务省举行网络安全综合对话。对话的主要议题为如何加强信息交换等合作应对政府和企业受到的网络攻击。

12 日，印度网络安全部门对 ATM 被盗案展开调查。

12—13 日，土豆网遭黑客攻击。

14 日，美国陆军在新墨西哥州白沙靶场开展两年一度的网络一体化评估（NIE），为期一个月，将检验新型通信和网络装备作战效能。

16 日，日本警察厅新设黑客攻击分析中心并举行启动仪式。该中心将指挥日本全国警察针对黑客攻击行为开展调查、信息收集和分析工作。

17 日，美国国防信息系统局为国防部商业云邮件扫除障碍，利用云计算实现电子邮件的收发，并将其作为未来的一种服务。

18 日，雅虎日本的工作人员发现，有人未经授权访问了网站的管理系统，称 2200 万用户 ID 疑遭泄露。

21 日，美国政府由于受到知名黑客组织"匿名者"的攻击威胁，美军已经关闭了关塔那摩的无线网络服务，并禁止通过军用电脑网络访问 Facebook 以及 Twitter 等社交网络。

21 日，日本政府"信息安全政策会议"汇总了"网络安全战略"最终草案，针对网络黑客攻击，草案提出了多项强化措施，其中包括在自卫队设立"网络防卫队"。

22 日，Twitter 推出登录认证，阻挠黑客劫持账户。

24 日，英国政府和相关研究委员会向伦敦大学与牛津大学投资 750 万英镑支持其网络安全研究。

27 日，欧洲一些安全企业成立了欧洲网络安全组（ECSG）。该组织成员为 ECSG 贡献出 600 多位网络安全专家，为企业和政府用户提供服务。该组织成员各自独立工作，但只要有需求，就能从 ECSG 获取资源。

27 日，微软 Xbox Live 被黑客入侵，48 万用户信息或遭泄露。

27 日，网站可信认证服务试点工作讨论会在北京召开。

29 日，中国交通银行率先成功研发出新一代的网络支付安全工具"智慧网盾"，并将在近期投放市场。

29 日，自由储备银行涉嫌一起总额高达 60 亿美元的国际洗钱案。

29 日，印度国防部长 A·K·安东尼表示，作为加强印度网络防务安全的一部分，武装部队将设立网络司令部。

29 日，美国国家公路交通安全管理局向美国参议院商务委员会申请拨款，筹划建立一个独立的防御系统，监控新一代网络汽车，降低黑客攻击风险。

29 日，陆军企业信息系统项目执行办公室推动信息系统"统一能力"进程。

6 月

2 日，日本召开国家安全委员会专家会议，最终汇报了以首相与 3 位阁僚组成常设机构为主要内容的相关法案纲要。

3 日，中国外交部发言人针对美国国防部长哈格尔日前在香格里拉的讲话在北京举行例行记者会，表示希望双方本着心平气和的态度，客观冷静地看待有关问题，通过对话沟通、加强合作，共同构建和平、安全、开放、合作的网络空间。

4 日，来自北约 28 个成员国的国防部长在布鲁塞尔召开会议，专门就网络安全问题进行了讨论，并同意加强北约网络防御能力建设。

5 日，由电子政务理事会组编的《中国电子政务年鉴（2012）》正式发布。

5 日，来华参加第八期中法高级军官防务安全研讨班的法国国防高等研究院院长兼三军参谋部高等军事教育局局长迪凯纳中将表示要加强与中国在网络安全领域的进一步合作。

5 日，华盛顿美国网络司令部宣称呼吁在未来的五年里要建成训练有素的网络操作团队，以确保美军在网络空间里的防守，进攻占据有利优势。

5 日，微软联手美国联邦调查局（FBI）以及全球 80 多个多家相关政府机构，捣毁了一个全球大型的网络犯罪组织。

5 日，土耳其总理办公室网站遭入侵，部分数据泄露。

5日，安全平台乌云发布消息称搜狗输入法导致大量用户敏感信息泄露。

7日，我国邮政局印发了《国家邮政局寄递服务信息安全专项整治行动实施方案》，决定于2013年6月至10月开展寄递信息安全专项整治行动。

8日，英国安全部门建议政府对华为设备进行安全检查，尤其是用于重要国家基础设施中的网络设备。

8日，美联社揭露了美国安全局（NSA）电话私查的丑闻。报道称。2013年4月美国颁布法令，允许政府取得大型电讯公司Verizon所有用户的电话记录，不管是国内还是国际。

8日，五角大楼超过20项先进武器的系统设计机密遭到黑客窃取，有美军高层将矛头指向中国。

9日，黑客组织"匿名者"在网上公布了一份来自美国国家安全局（NSA）的文件，爆出了该机构监视美国公民的丑闻。据悉，该份文件提到了一个被称为PRISM的项目，显示美国政府正在利用顶级互联网公司监视其公民。揭发者爱德华·斯诺登（Edward Snowden）现年29岁，曾是CIA（美国中央情报局）技术分析员，现供职于国防项目承包商Booz Allen Hamilton。

12日，斯诺登爆料称美政府入侵中国网络多年，攻击目标达数百个，白宫拒绝回应。

12日，伊朗总统选举期间，数以万计的伊朗谷歌用户遭到黑客频繁攻击。

13日，日本高层提议设立网络安全中心，以保护基础设施，并最终建立与美国国家安全局类似的网络安全中心。

13日，日本警察厅宣布，将为"日本网络安全协会"主办的黑客大赛"SECCON 2013"提供后援。

13日，美国新泽西州联邦检察官对8人发起刑事指控，称其曾试图在一桩国际网络犯罪活动中从美国客户那里窃取至少1500万美元资金，这桩犯罪活动的目标是15家金融机构和政府机构。

18日，百度正式推出杀毒软件。

18日，通信及技术公司思科发表声明，否认参与美国情报部门的"棱镜"项目。

18日，中国东莞率先发出全国首张电子营业执照

19日，中国社科院法学所受国务院国新办委托，就我国互联网立法目前面临的问题、互联网立法原则、互联网立法体系基本结构等问题进行了讨论。

19 日，欧盟因"棱镜门事件"计划立法保护公民个人数据。

20 日，美俄两国在八国首脑峰会上在网络安全领域达成共识，并将利用冷战热线共享网络安全。

20 日，印度将推新监管系统，允许安全机构直接监听。

24 日，欧盟委员会出台关于保护电子隐私的"技术性落实措施"，以强化欧盟范围内的电子数据安全，并要求成员国执行同样的保护标准。

24 日，英被曝监视全球光缆网络，和美形成窃听联盟。

25 日，国际黑客团体"匿名者韩国"（Anonymous Korea）曾宣布，在朝鲜战争爆发 63 周年，将针对朝鲜主要网站进行黑客攻击。25 日上午，朝中社等朝鲜的部分网站陷入瘫痪。

25 日，韩总统府等 16 个机构网络遭黑客攻击，导致网页被置换并瘫痪，引发全球关注。

27 日，微软向全球发布了 Windows 8.1 操作系统预览版，用户可以下载官方 ISO 镜像，进行全新安装或采用双系统启动体验。

28 日，工业和信息化部与韩国未来创造科学部联合举办的中韩 5G 交流会在北京召开。

7 月

1 日，新加坡武装部队为提升对抗网络袭击的能力，成立了网络防卫行动中心，以更全面并系统地防御日益严峻的网络袭击威胁。

1 日，中国基于云计算电子政务公共平台国家标准编制工作正式启动。

2 日，黑客入侵香港中文大学网页，师生资料被盗取。

2 日，丰田汽车公司宣布，由于公司主页曾遭黑客入侵，部分内容被篡改，浏览主页的用户电脑中保存的信息、上网时使用的用户名及密码有可能被盗取。

2 日，任天堂站点被黑，数万账户遭非法登陆。

3 日，育碧遭黑客攻击部分用户账号被窃取。

3 日，韩国国防部表示，为彻底防止军事机密泄露，将从 7 月 15 日起全面禁止国防部职员在国防部大楼内使用拍照和上网等智能手机功能。

4 日，俄国防部成立打击网络威胁独立部队，俄军网罗高校 IT 人才打造"科技连"。

4 日，英国外交大臣与日本驻英国大使代表两国签署了国防装备合作框架和信息安全协议。

4 日，移动安全公司 Bluebox 宣布发现了 Android 系统的一个特大漏洞，涉及到过去 4 年间发布的 Android 设备。

9 日，第三次中美战略安全对话在华盛顿举行。双方在坦诚、务实、建设性的气氛中就共同关心的战略安全、综合安全问题交换了意见。

10 日，北约通信和情报交流机构将在未来数月招募 7 名网络防御专家，帮助应对针对北约系统的网络攻击。

10 日，美国《华盛顿邮报》爆料称，除了"棱镜"计划外，美国情报机构还有一个名为"上游"（Upstream）的监控项目，通过美国周边的海底光缆搜集情报。

14 日，韩国政府在本月初取消了之前对包括 cloud 服务（云端服务）在内的信息通信技术（ICT）产业发展的各种限制规定。

16 日，据报道，索尼游戏机的在线游戏平台于前年出现大量个人信息泄漏的情况。

18 日，苹果开发者网站遭黑客攻击并关闭。

19 日，由工业和信息化部审核通过的《电信和互联网用户个人信息保护规定》发布。

19 日，工业和信息化部网站公布《电话用户真实身份信息登记规定》。

19 日，英国政府将调查华为在英网络安全中心。

21 日，联合国下属国际电信联盟日前向全球手机运营商发出警报，全球 7.5 亿手机用户的 SIM 卡存在漏洞，黑客可在一分钟内侵入，获取手机主人个人数据，并在数分钟内完成获得授权的非法交易。

21 日，Ubuntu 论坛、纳斯达克交易所网站遭黑客入侵。

22 日，中国香港警方成立特别办公室检查网络安全。

22 日，微信发生大面积故障，全国大量用户无法正常使用微信的各项功能，微信官方称是由于上海"市政道路施工通信光缆被挖断"。

23 日，美金融机构举行网络袭击演习，测试银行如何应对黑客攻击。

24 日，思科以 27 亿美元收购信息安全公司 Sourcefire。

24 日，赛门铁克首次发现 6 款因"主密钥漏洞"受感染的 Android 应用。

25 日，美国遭 5 人黑客团队入侵，成有史以来最大规模的黑客事件。

29 日，美国起诉多名东欧金融黑客，称其牟利数亿美元。

30 日，美国著名黑客巴纳拜·杰克神秘死亡。

30 日，联想 PC 因芯片存自制"后门"遭多国禁用。

30 日，负责韩国网络安全任务的韩国国情院对一家涉嫌帮助朝鲜黑客在韩国传播恶性病毒的 IT 公司进行搜查，该公司负责人因涉嫌违反韩国国家安保法正在接受调查。

30—31 日，中、日、韩三国的国家互联网应急中心（CERT）领导及操作层面代表相聚中国上海。

31 日，俄警方在地铁安装能读取乘客手机信息的设备。

31 日，英特尔首款开源 PC 开售。

31 日，华为宣布将首次推出其 NGFW 产品。

31 日，Blue Coat 发布了最新的业务保障技术（Business Assurance Technology）愿景。

31 日，安全狗发布《2012 中国互联网服务器安全报告》。

8 月

1 日，《印度时报》报道称，美国国际电子商务顾问局高官宣称，未来五年内，由于缺乏基础设施和巨额的投入，印度不太可能建成一支由 50 万专业人士组成的网络安全队伍。

2 日，信息安全国家标准宣贯会在贵阳市隆重召开。

5 日，360 杀毒、360 安全浏览器、360 极速浏览器率先通过微软 Windows 8.1 系统的官方认证。

6 日，中国军队推广信息安全技能培训考试。第一批来自中国武装警察和中国陆军的学员结束并通过 NISE 考试后，获得了由全国信息安全技能培训考试项目办公室发放的信息安全管理师证书，这也标志着 NISE 开始在全军进行推广。

7 日，企业和服务提供商网络的网络安全和管理解决方案的领先供应商 Arbor Networks，新组建了关于最新网络威胁方面的网站，该网站可以提供 Arbor 专有的安全情报分析以及业内新闻和社交动态。

7 日，为落实党组对机关安全工作提出的要求，天津市河西区人民检察院技术科召开会议，增强干警安全责任意识，开展安全检查活动。

7 日，两位来自美国的黑客 Charlie Miller 和 Chris Valasek，他们在五角大楼研究机构 DARPA（美国国防部高级研究计划局）的赞助下，展示了如何通过一台笔记本电脑轻而易举地劫持一辆现代轿车。

8日，国务院《关于促进信息消费扩大内需的若干意见》，提出加强信息消费环境建设，具体包括：构建安全可信的信息消费环境基础；提升信息安全保障能力；加强个人信息保护；规范信息消费。

12日，BT网站海盗湾发布了一款整合翻墙功能的浏览器PirateBrowser，让封杀海盗湾网址的国家用户能正常访问。

13日，维基百科联席创始人威尔斯表示，维基百科宁愿放弃在中国开展业务，也不愿接受中国方面任何形式的互联网审查。

13-15日，由工业和信息化部、国家互联网信息办公室等单位指导，中国互联网协会主办的2013（第十二届）中国互联网大会在北京国际会议中心举行。

14日，工信部在《工业和信息化部关于印发防范治理黑客地下产业链专项行动方案的通知》中称，将于2013年8月至12月开展防范治理黑客地下产业链专项行动。

14日，在美国社交网站Facebook宣布其奖励查找网站漏洞的项目Bug Bounty在两年内支付了100万美元之后，不到两周的时间，Google就宣布其类似的项目在三年内支付了200万美元奖金。

14日，达赖喇嘛的中文站点被黑客实施水坑攻击，该站点上嵌入了恶意的软件，可能被用于获取访问者的信息。

15日，在北卡罗兰纳州立大学百年校庆上，美国国家安全局（NSA）决定投资建设实验室，该实验室将是新兴数据创新中心的基础，帮助政府、学术界、产业界培养人才，NSA的研究部门将牵头组织实验室的研究。

16日，谷歌的开发人员确认，Android系统中存在一个密码漏洞，可能会在大量终端应用中导致严重的安全问题。这些应用主要与比特币交易有关。

18日，英国《卫报》总编辑阿兰·罗斯布里奇（Alan Rusbridger）称，英国政府通讯总部人员监督并摧毁了该报的硬盘，此举是为了让爱德华·斯诺登（Edward Snowden）泄露的材料没有见光之日。此次事件的披露正值《卫报》记者格伦·格林沃尔德（Glenn Greenwald）的搭档大卫·米兰达（David Miranda）在希斯罗机场因为违反《反恐法》被扣留。米兰达自己的数据存储设备在调查中被没收。

19日，迈克菲公共部门CTO加入美国国土安全部。

21 日，美国国家安全局解密的 3 份文件显示，该局曾于 2008 年至 2011 年间每年搜集 5.6 万封与恐怖主义毫无关系的美国公民私人电子邮件等的通讯记录。

22 日，北京警方打掉一家网络推手公司，抓获网名为"秦火火"、"立二拆四"等四名犯罪嫌疑人，并以涉嫌寻衅滋事罪、非法经营罪将他们刑事拘留。据这些人供认，他们组织网络"水军"长期炮制虚假新闻，策划、制造了大量著名的公共舆论事件。

22 日，纳斯达克证券交易所因遭遇"技术故障"暂停了所有在该交易所上市公司的股票交易。

25 日，国家域名解析节点凌晨时受到拒绝服务攻击，到凌晨 3 时服务恢复正常。期间大量 .cn 域名和 .com.cn 无法解析，受影响的包括新浪微博和一批以 .cn 为域名的网站。

29 日，美国《华盛顿邮报》披露了一些由前防务承包商雇员斯诺登提供的机密文件。文件显示，自"911"恐怖袭击以来美国大幅提高了情报开支，高度重视高科技情报监控手段，近年来针对外国计算机系统加大了网络攻击力度。

9 月

1 日，一项争议性的网络新法规在越南正式生效。根据这条被称作"72 号令"的新法，博客、社交网站不能用来分享新闻性文章，只能用来分享个人信息。法律还规定，外国供应商应将服务器放置在越南境内。

2 日，据国外媒体 Paritynews 报道，印度政府正计划发布一项禁令，要求 50 多万政府官员禁止将基于美国的电子邮件服务如 Gmail 等作为官方通信工具，而且称印官方很快将下发通知，要求其官员使用来自本国信息中心提供的邮件地址和服务。

3 日，英国布里斯托大学创建了一个新的、更强健的量子加密协议 rfiQKD，欲应用到智能手机。

3 日，黑客"莫妮卡"瞄准跨国公司实施攻击。在对跨国医药集团凯莱英官网入侵挂马后，"莫妮卡"又将攻击目标瞄准照明设备行业的 USHIO 公司。

3 日，国际特赦组织香港分会的计算机疑被黑客入侵。警方 2 日早晨 10 时57 分接获国际特赦组织香港分会油麻地渡船街办公室一名职员报案，称怀疑组织的网页自 8 月下旬起被黑客入侵，窜改网页数据。

6日，为了保护 APP 开发者和用户的合法权益，北京智游网安科技有限公司旗下爱加密团队推出全国首家免费的 APP 源码检测平台。

6日，明朝万达面向银行、证券、保险等三大行业推出金融业数据安全解决方案。

7日，据华盛顿邮报报道称，谷歌周五表示正在加速推进全球数据中心之间的数据流加密工作，以抵制美国国家安全局（NSA）及外国情报机构的间谍工作。近期曝出美国 NSA 的监控计划遭到科技行业的强烈抵制，谷歌此举也是对其最为明显的回击。

10日，中国信息协会信息安全专业委员会 2013 年年会在黑龙江省哈尔滨市召开。

11日，韩国最高政治中心青瓦台网站遭受黑客攻击，导致网页被置换并瘫痪，最新研究发现，韩国云端储存服务软件"SimDisk Installer"服务器在此波攻击中疑似遭受黑客攻击并被植入名为"SimDisk Installer exe."的恶意软件。

12日，英国政府通讯总部（GCHQ）是英国秘密通讯电子监听中心，与军情五处和军情六处并列称为英国三大情报机构，该情报机构在网站上设置了一个在线的挑战项目，寻找密码破译者。

12日，德国沃达丰（Vodafone）电讯公司称，该公司网络遭到黑客攻击，200 万客户信息遭窃。失窃信息包括客户姓名、生日、性别、地址以及银行账户信息等。

13日，英国《卫报》又发布了一篇根据斯诺登提供的 NSA 内部文件编写的报道，曝出了 NSA 跟以色列之间存在原始监听数据分享这一事实。文件显示，NSA 分享给以色列的数据，很有可能也包括了美国公民的邮件和其他数据。

13日，中国信息安全认证中心体系认证专业技术委员会成立大会及第一次全体会议在北京举行。

14日，巴西国防部长塞尔索·阿莫林 9 月 13 日在访问阿根廷期间，与阿根廷国防部长阿古斯丁·罗西签署声明，在两国的防务合作中增加网络安全内容，强化两国在网络安全上的合作，减少安全漏洞。

18日，冒险岛开发商遭攻击，泄密文件超 1300 万件。

18日，信安中心牵头制定的两项信息安全国家标准《GB/T29765-2013 信息安全技术数据备份与恢复产品技术要求与测试评价方法》、《GB/T29766-2013 信息安全技术网站数据恢复产品技术要求与测试评价方法》，由国家质量监督检验检疫总局、国家标准化管理委员会批准发布（2013年第18号公告）。

21日，苹果iOS7锁屏漏洞，可绕过密码查看照片等资料。

22日，针对网络安全问题，日本政府与东盟（ASEAN）计划于2014年起确立相关合作机制，"当相关国家电脑终端遭到黑客攻击时"，采取共同应对措施。

23日，ISC中国互联网安全大会召开，聚焦网络安全新变革。

25日，日本政府举行首次反网络攻击训练，出动模拟黑客。

26日，比利时最大的通信商"Belgacom"网络系统被攻击。

27日，苹果iOS7.0.2更新修复锁屏BUG，不影响越狱漏洞。

30日，中国互联网协会反网络病毒联盟（ANVA）在中国国际科技会展中心召开联盟大会。来自网络安全企业、移动互联网应用厂商的30余家相关单位参加此次大会。

10月

2日，Fireeye火眼公司发布报告《世界网络大战：理解网络攻击背后的国家意图》，评论中国网络间谍活动。

3日，安徽省网络与信息安全协调小组印发《关于加强网络信息保护的意见》。

3日，市场研究公司ASDReports最新研究显示，2013-2023年间美国赛博安全开支将达940亿美元。

4日，Adobe云端服务平台近日遭到黑客攻击，致使290万名用户的ID和密码被盗。被盗的信息有用户的名字、加密信用卡号/借记卡号以及卡的截止期限。

4日，中国航天科工集团公司成功研发全生命周期信息安全"防水墙"系统。

7日，洛克希德·马丁公司在澳大利亚建立第四个赛博安全中心。

8日，晚间有网友反映德国著名杀毒软件Avira(小红伞)官网avira.com被黑，截至凌晨一点仍未恢复，被黑的还包括社交软件Whatsapp、杀毒软件AVG、统计网站Alexa等官网。

8日，作为KEYW公司的子公司，Hexis赛博解决方案公司今天宣布推出业界第一个真正的主动防御解决方案——"鹰眼G"，该方案可探测隐身且高级的赛博威胁，并能自动采取行动消除来自网络的威胁。

8日，加拿大通用动力公司已获得一份合同，用以开发和演示自动化计算机网络防御能力，以增强加拿大国防部（DND）网络安全。

10日，加拿大国库委员会主席托尼·克莱门特表示，出于国家安全的考虑，任何针对黑莓公司的收购将受到加拿大政府的严格审查。

11日，谷歌Chrome浏览器曝安全漏洞，可泄露用户个人数据。

11日，美国陆军研究实验室建立赛博研究联盟。

11日，美国海军向ESN公司拨款240万美元，以支持海军赛博部队调动。

12日，国内安全漏洞监测平台乌云发布报告称，多家酒店的开房记录由无线上网认证管理系统供应商浙江慧达驿站网络有限公司存储，因系统有漏洞而存在泄露隐患。

12日，西安交通大学信息安全法律研究中心发布《软件捆绑安装法律规制研究报告》。

14日，信安中心研发的"ISMS管理平台"软件获计算机软件著作权登记证书。

14日，韩联社报道韩国安全行政部表示，2013年上半年针对韩国中央行政机构的黑客攻击约为1.3万起，预计全年将超过2万起，近几年韩国中央行政机构年均遭黑客攻击达2万多起。

14日，施耐德电气通过国家信息技术安全研究中心和中国电力科学研究院的双重信息技术产品安全性检测，成为首家也是目前唯一通过并获得此类检测认可的PLC产品系列。

14日，巴西总统罗塞夫决定，11月起巴西将采用反监控新系统，遏止黑客截取政府资料，预计至2014年中，巴西所有联邦单位将完成反监控设备的安装工作。

15日，D-Link路由后门漏洞曝光，可允许完全访问。

15日，据美国《华盛顿邮报》报道，NSA高官和前雇员爱德华·斯诺登提供的绝密文件透露，NSA通过个人邮件、即时通讯记录等，从全球大量搜集电子通讯录，美国公民也未能幸免。

17日，为期两天的"2013首尔网络空间会议"在首尔开幕。会议的主题是"通过开放和安全的网络空间促进全球繁荣——机遇、威胁与合作"。

20日，杭州电子科技大学举办第五届"安恒杯"网络攻防大赛暨CTF网络攻防邀请赛。

21日，美国国家安全局（NSA）有一个专门执行特定目标渗透任务的秘密机构 Tailored Access Operations（TAO）。根据前NSA合同工 Edward Snowden 泄漏的"最高机密"文件，TAO 在 2010 年 5 月报告成功入侵了墨西哥总统域名的关键电子邮件服务器，访问了总统 Felipe Calderon 的公开电子邮件账户。

21 日，Google 晚间发布一项名为 Project Shield 的项目，让网站管理员可以升级网站的技术和架构，加强其对抗 DDoS 攻击的能力。

21 日，法国总统奥朗德在与美国总统奥巴马通电话时，对美国监听大量法国公民电话事件提出严厉谴责，认为此类行为"不可接受"。

22 日，圆通速递承认"快件面单信息倒卖"属实，向消费者致歉。

22 日，韩国联合参谋本部向国会提交的一份报告说，韩国军方专门负责网战的部门——"联合网络中心"将从明年 1 月 1 日起正式挂牌运行。

22 日，美国商务部国家标准技术研究院（NIST）今天发布了其初步赛博安全框架，以帮助电力、交通和电信等行业关键基础设施的所有者和运营商降低赛博安全风险。

22 日，英国国家打击犯罪局欲聘 400 名赛博情报实行人员。

22 日，北大西洋理事会在布鲁塞尔举行会议，北约各国国防部长在会上批准了该联盟新的赛博防御措施。

23 日，日本政府明确将要设置国家安全保障局，针对中朝两国进行情报分析。

25 日，第十二届全国人大常委会第五次会议表决通过了《全国人民代表大会常务委员会关于修改〈中华人民共和国消费者权益保护法〉的决定》，国家主席习近平签署第 7 号主席令予以公布。修改后的《消费者权益保护法》强调，经营者及其工作人员对收集的消费者个人信息必须严格保密，不得泄密、出售或者非法向他人提供。经营者应当采取技术措施和其他必要措施，确保信息安全，防止消费者个人信息泄露、丢失。

25 日，英国媒体披露的一份备忘录显示，英国政府通信总部在电信企业的积极配合下从事境内外通信监听，规模远超外界想象。

25 日，php.net 可能遭黑客入侵，Google 将其列为恶意网站。

25 日，美国起诉英国黑客盗取美国军方以及航天局的机密文件，英当局将黑客逮捕。

25 日，美军方开发 Android 终端攻击工具，手机或将遥控空袭。

26 日，德国媒体报道，德国总理安格拉·默克尔的私人电话号码早在 2002 年就已经出现在美国国家安全局监听名单上，意味着美情报人员可能已对默克尔监听十多年时间。

27日，联合国教科文组织、ICANN和互联网协会（ISOC）共同了商讨一个框架，用于建立阿拉伯语的互联网治理条款以支持阿拉伯语地区参与多方互联网治理过程。

29日，为应对朝鲜网络袭击，韩国政府决定斥资98亿韩元（约合人民币5.4亿元）构建智能网络防御系统，提高国防、金融和能源等主要信息通信网安全性能。

29日，俄罗斯被曝使用"病毒"U盘监视G20峰会成员国。

30日，以色列公路控制系统被黑，导致交通拥堵。

31日，3800万Adobe用户遭黑客攻击，部分源代码被盗。

31日，俄罗斯电视台报导称，一批中国出口的设备中内嵌带wifi模块的"间谍芯片"，这批设备中有电熨斗、手机、车载摄像头等。

11月

1日，芬兰外交部长表示，该国政府通信遭到外国情报机构大规模的网络攻击。

1日，美国著名黑客组织"匿名者"在Youtube上发布视频，宣布为新闻自由对新加坡政府发动网络攻击。

1日，委内瑞拉总统马杜罗在社交网站twitter的个人账户中强烈谴责该公司删除了他6000多名支持者，与此同时，部分属于委内瑞拉政府机构的twitter账户也被异常终止。

3日，国际黑客组织"匿名者"印尼分支袭击了澳大利亚200多家网站，称此举是为报复澳大利亚利用其大使馆协助美国情报机构监听印尼。

5日，微软宣布，他们将公司安全漏洞赏金提升到10万美元。

5日，苹果发布了一份"政府请求查询信息报告"，公开了政府查询信息细节。

5日，加拿大报纸《环球邮报》报道称，加拿大政府以国家安全为由要求黑莓不得接受联想集团的收购要约，禁止联想收购黑莓，导致该交易无法成行。

5日，安卓系统4.4版本被曝严重漏洞，黑客利用该漏洞可远程遥控手机。

5日，在第四届世界网络安全峰会上，中国互联网协会网络与信息安全工作委员会与美国东西方研究所共同发布了《真诚沟通务实合作，共同抵制黑客攻击活动》的报告。

8日，微软公司发布了一份关于产品的安全警报，该公司发现了存在于

windows Vista 操作系统、Server 2008 及 Microsoft Office 2003 至 2010 中的一个可供黑客利用的安全漏洞。

11 日，比特币在线钱包商 Inputs.io 遭黑客攻击，4100 比特币（折合 130 万美元）被窃取。

13 日，澳大利亚秘密情报局（ASIS）的网站遭印度尼西亚的黑客攻击。

15 日，微软公司成立网络犯罪中心，集结了系统安全工程师、数字认证专家及打击盗版软件的维权律师在内的各领域专家，共同出谋划策应对黑客恶意攻击。

15 日，中国军控与裁军协会在北京举办网络安全问题专题研讨会，与会专家学者呼吁加强网络安全相关顶层设计，推进网络安全立法，大力发展信息安全产业，加强国际合作。

18 日，安全平台乌云公布了一份漏洞信息，显示腾讯群关系数据库或已经泄漏，将导致用户资料大量泄漏。

18 日，谷歌公司与美国 37 个州以及哥伦比亚特区达成了和解协议，同意就此前涉嫌侵犯用户隐私的行为支付 1700 万美元的和解金。

18 日，谷歌旗下 YouTube 视频网站受到黑客袭击，用户在近半小时内无法浏览该网站主页。

18 日，美国国防部公布一项修正案，对其《联邦采办条例国防部补充条例》进行了修正。这将要求国防承包商联合建立关于非密网络的信息安全标准，并报告导致非密但受控技术信息遭受损失的网络入侵事件。

19 日，澳大利亚警方和银行网站遭黑客袭击。

24 日，约会服务网站 Cupid Media 被入侵，泄漏了超过 4200 万条记录，包括姓名、邮箱、没加密的密码和生日。

25 日，为防范美国国安局（NSA）的监视，Twitter 将在现有加密技术之外再增加名为 PFS（perfect forward secrecy）的技术，防止使用者和服务器之间的通讯遭监听。

26 日，北约举行"2013 年网络联盟"演习。

26 日，日本众议院国家安全保障特别委员会就旨在严惩泄露国家机密行为的《特定秘密保护法案》进行强行表决，并在自民党、公明党、大家党的支持下获得通过，但遭到民主党等在野党派强烈反对。

26 日，联合国人权理事会一致通过了一项由巴西和德国发起的保护网络隐私权的决议。

27 日，中国裁判文书网与各高院裁判文书传送平台开始联网，这意味着全国 3000 多个法院的裁判文书将集中传送到统一的中国裁判文书网上公布。

28 日，安全平台乌云曝出 360 线上服务安全漏洞，借助该漏洞可以获取其他用户的云端数据访问和修改权限。

28 日，美国无线通信和互联网协会表示，由运营商 AT&T、T-Mobile、Sprint 以及 Verizon 无线联合构建的被盗手机数据库已经完成，运营商可根据该数据库对被盗 LTE 和 3G 网络手机远程锁定并停止服务。

12 月

3 日，伊朗有报告指出，以色列和沙特阿拉伯正在合作设计比 Stuxnet 更具破坏力的恶意软件，以破坏伊朗核设施。

4 日，中国国家发改委信息安全专项"自主可控宽带无线网络安全接入关键标准研制和应用推广"顺利通过验收。

6 日，美国司法部宣布，13 名"匿名者"成员就 2010 年对 Paypal 公司的 DDoS 行为认罪伏法。其中一人同时承认对另一起针对 SantaCruz 网站的攻击负责。

10 日，据《卫报》《纽约时报》等外媒报道，美英情报机构曾渗透入网络游戏"魔兽世界"、"第二人生"中，部署特工人员收集玩家记录，监视游戏玩家，以追踪恐怖分子。

10 日，中韩互联网圆桌会议在韩国首尔举行，会议以"发展与安全"为主题，中韩两国政府部门、行业组织、知名互联网企业和学术机构近百位代表参加。

11 日，Websense 安全实验室 ThreatSeeker 智能云成功检测到一起利用 LinkedIn 用户资料发起的攻击，攻击中使用了社交引擎技术，攻击目标为其他 LinkedIn 用户。

11 日，据英国《每日邮报》报道，法国前第一夫人卡拉·布吕尼·萨科齐的裸体照片遭黑客利用，成为 G20 峰会期间侵入多个参会国数十名外交官电脑系统的工具。

12 日，由赛可达实验室－西海岸实验室（中国）和中关村海外科技园主办的 2013 中国网络安全大会（NSC2013）在国家会议中心召开。

12 日，戴尔软件事业部宣布推出一系列创新技术创新以应对紧迫的 IT 挑战，其中包括全新的移动/BYOD 解决方案。

13 日，卡巴斯基发现了一个针对银行网站的新恶意软件 Neverquest。

16 日，在工业和信息化部通信保障局的指导下，由中国互联网协会主办、12321 网络不良与垃圾信息举报受理中心、中国互联网协会反垃圾信息中心承办的 2014 "网络安全宣传周" 活动在北京启动。

17 日，360 搜索上线放心机票全赔为 65 家购票网站标识安全认证。

17 日，瑞星宣布与神华国能集团有限公司神头第二发电厂达成合作协议，帮助其搭建内网安全系统，并提供相应后续服务。

18 日，美国政府划拨了专项经费建立了一个名为 "网络战士" 的项目，以训练专业人士阻截和根除针对国家大型机构、军方及政府部门的网络入侵。

19 日，中国互联网络信息中心 (CNNIC) 发布《2013 年中国网民信息安全状况研究报告》，指出 74.1% 的网民在过去半年内遇到过信息安全问题，总人数达 4.38 亿，全国因信息安全事件而造成的个人经济损失达到了 196.3 亿元。

24 日，一位匿名美国大兵向科技博客 TorrentFreak 泄密称，美军驻卡塔尔 Sayliyah 军事基地的一个教育中心，一共 18 台电脑全部运行着未经授权的 Windows 7 操作系统。

24 日，"8·22" 非法提供、获取公民个人信息团伙案告破，在京沪两地共抓获团伙犯罪嫌疑人 10 人，涉及公民个人信息近 100 万条。

24 日，安全平台乌云称，于 12 月 6 日上线的带有 "自动抢票" 功能的新版 12306 网站系统出现重大漏洞。

25 日，Tor 项目资深开发者、隐私活跃人士 Jacob Appelbaum 称其在柏林的公寓遭外人入侵，笔记本电脑也被人动了手脚。

25 日，美国佛罗里达国际大学两名在校学生及一名已毕业校友通过黑客攻击的方式成功登录教授邮箱，窃取考试试题，并以 150 美圆的价格对外出售试题答案。

30 日，英国广播公司 (BBC) 官方表示，一名黑客秘密攻占了一台公司内部的计算机服务器，并在圣诞节当天在网络上贩售进入该系统的访问路径。

后 记

赛迪智库信息安全研究所在对政策环境、基础工作、技术产业等长期研究积累的基础上，经过深入研究、广泛调研、详细论证，历时半载完成了《2013—2014 年世界信息安全发展蓝皮书》。

本书由张春生担任主编，刘权担任副主编，刘金芳负责统稿。全书主要分为综合篇、政策篇、产业篇、区域篇、企业篇、专题篇、热点篇和展望篇八个部分，各篇撰写人员如下：综合篇（王闯）；政策篇（闫晓丽、张莉）；产业篇（王闯）；区域篇（王闯、冯伟、王涛、刘金芳）；企业篇（王涛）；专题篇（刘金芳、冯伟、王涛）；热点篇（刘金芳）；展望篇（王闯）。宫佩辰、陈月华、吕尧、张伟丽等承担了相关资料的收集工作。在研究和编写过程中，本书得到了相关部门领导及行业专家的大力支持和耐心指导，在此一并表示诚挚的感谢。

由于能力和水平所限，我们的研究内容和观点可能还存在有待商榷之处，敬请广大读者和专家批评指正。